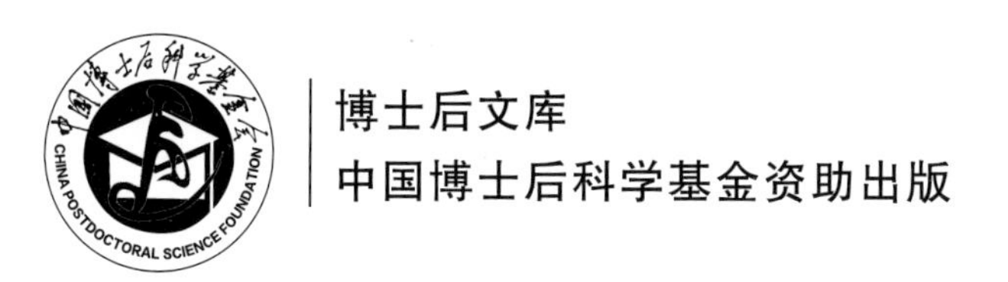

中国扬子地块西缘新元古代中期大规模低 $\delta^{18}O$ 岩浆作用

邹 灏 著

科 学 出 版 社
北 京

内容简介

本书对扬子地块西缘低 $\delta^{18}O$ 新元古代岩浆岩（如西缘灯杆坪花岗岩、峨眉山花岗岩、石棉花岗岩、苏雄组流纹岩、莫家湾花岗岩、瓜子坪花岗岩）岩体进行野外地质特征、岩石学、矿物学、二次离子质谱 U-Pb 定年、Hf-O 同位素、主量微量元素地球化学特征研究。将研究结果与扬子地块北缘、南缘和华夏陆块低 $\delta^{18}O$ 岩浆岩连接，证明存在一个“环华南”的低 $\delta^{18}O$ 岩浆岩省，新元古代中期华南存在一个超级地幔柱，华南陆块在罗迪尼亚超大陆重建中所处的位置为超大陆的中心。

本书可供从事地质学和地球化学工作的学者，以及对地球科学、地球演化历史和地球上的岩浆活动等领域感兴趣的读者参考使用。

审图号:GS 川(2024)319 号

图书在版编目(CIP)数据

中国扬子地块西缘新元古代中期大规模低 $\delta^{18}O$ 岩浆作用 / 邹灏著. 北京：科学出版社，2025. 1.（博士后文库）. -- ISBN 978-7-03-080537-9

Ⅰ. P588.11

中国国家版本馆 CIP 数据核字第 2024LU1943 号

责任编辑：罗　莉 / 责任校对：彭　映
责任印制：罗　科 / 封面设计：墨创文化

科学出版社出版
北京东黄城根北街16 号
邮政编码：100717
http://www.sciencep.com

成都锦瑞印刷有限责任公司 印刷
科学出版社发行　各地新华书店经销
*
2025 年 1 月第　一　版　开本：B5（720×1000）
2025 年 1 月第一次印刷　印张：8 1/2
字数：160 000

定价：120.00 元
（如有印装质量问题，我社负责调换）

“博士后文库”序言

1985 年，在李政道先生的倡议和邓小平同志的亲自关怀下，我国建立了博士后制度，同时设立了博士后科学基金。30 多年来，在党和国家的高度重视下，在社会各方面的关心和支持下，博士后制度为我国培养了一大批青年高层次创新人才。在这一过程中，博士后科学基金发挥了不可替代的独特作用。

博士后科学基金是中国特色博士后制度的重要组成部分，专门用于资助博士后研究人员开展创新探索。博士后科学基金的资助，对正处于独立科研生涯起步阶段的博士后研究人员来说，适逢其时，有利于培养他们独立的科研人格、在选题方面的竞争意识以及负责的精神，是他们独立从事科研工作的“第一桶金”。尽管博士后科学基金资助金额不大，但对博士后青年创新人才的培养和激励作用不可估量。四两拨千斤，博士后科学基金有效地推动了博士后研究人员迅速成长为高水平的研究人才，“小基金发挥了大作用”。

在博士后科学基金的资助下，博士后研究人员的优秀学术成果不断涌现。2013 年，为提高博士后科学基金的资助效益，中国博士后科学基金会联合科学出版社开展了博士后优秀学术专著出版资助工作，通过专家评审遴选出优秀的博士后学术著作，收入“博士后文库”，由博士后科学基金资助、科学出版社出版。我们希望，借此打造专属于博士后学术创新的旗舰图书品牌，激励博士后研究人员潜心科研，扎实治学，提升博士后优秀学术成果的社会影响力。

2015 年，国务院办公厅印发了《关于改革完善博士后制度的意见》(国办发〔2015〕87 号)，将“实施自然科学、人文社会科学优秀博士后论著出版支持计划”作为“十三五”期间博士后工作的重要内容和提升博士后研究人员培养质量的重要手段，这更加凸显了出版资助工作的意义。我相信，我们提供的这个出版资助平台将对博士后研究人员激发创新智慧、凝聚创新力量发挥独特的作用，促使博士后研究人员的创新成果更好地服务于创新驱动发展战略和创新型国家的建设。

祝愿广大博士后研究人员在博士后科学基金的资助下早日成长为栋梁之材，为实现中华民族伟大复兴的中国梦做出更大的贡献。

中国博士后科学基金会理事长

前　言

在我国华南扬子地块出露很多新元古代岩浆岩，这些岩体的形成与罗迪尼亚(Rodinia)超大陆的裂解关系密切，是研究罗迪尼亚超大陆裂解机制的良好载体。现已在扬子地块北缘、南缘和华夏陆块都有新元古代中期低 $\delta^{18}O$ 岩浆岩记录，这些低于正常幔源岩浆岩 $\delta^{18}O$ 值[(5.3±0.6)‰]的岩浆岩是地球上比较罕见的一种岩石，能为华南新元古代构造环境提供新的制约。但前人对扬子地块西缘新元古代岩浆岩 $\delta^{18}O$ 的研究微乎其微，为弥补这一研究空白，本书对扬子地块西缘灯杆坪花岗岩、峨眉山花岗岩、石棉花岗岩、苏雄组流纹岩、莫家湾花岗岩、瓜子坪花岗岩进行野外地质特征、岩石学、矿物学、二次离子质谱(secondary ion mass spectroscopy，SIMS)U-Pb 同位素、Hf-O 同位素、主量微量元素地球化学特征研究，结果发现扬子西缘由北至南也存在广泛的新元古代中期低 $\delta^{18}O$ 花岗岩，将这与扬子地块北缘、南缘和华夏陆块低 $\delta^{18}O$ 岩浆岩连接，证明存在一个“环华南”的低 $\delta^{18}O$ 岩浆岩省。这样大面积的环板块展布的低 $\delta^{18}O$ 岩浆岩带很难在俯冲-岛弧的大地构造背景下形成。

此外，在约 820～810Ma 的苏雄组流纹岩中未发现低 $\delta^{18}O$ 岩浆锆石，而在侵入苏雄组流纹岩的约 785Ma 的石棉花岗岩体中均为低 $\delta^{18}O$ 岩浆锆石，说明该地区低 $\delta^{18}O$ 岩浆岩的形成可能与同岩浆期蚀变岩的同化混染作用有关，而不是与先存的热液蚀变地壳的同化混染作用有关。几乎所有低 $\delta^{18}O$ 岩浆锆石具有正 $\varepsilon_{Hf}(t)$ 特征也说明了其形成与高温热液蚀变作用有关。值得关注的是，部分低 $\delta^{18}O$ 锆石存在从核部到边部 $\delta^{18}O$ 明显降低的现象，这种现象被称为“地壳自噬”，是高温水岩反应地壳重熔的重要证据。通过经验公式计算扬子地块的地壳厚度变化和岩浆温度，发现在 850～700Ma 扬子地块地壳厚度明显减薄，同时出现了一次高温岩浆事件，Zr 饱和温度最高能达到 1033℃。上述观察和证据说明“俯冲-岛弧模式”并不适合来解释新元古代罗迪尼亚超大陆裂解的地球动力学机制，更合理的模式是新元古代中期华南存在一个超级地幔柱。

本书受到笔者主持的中国博士后基金“Rodinia 超大陆裂解期扬子西缘岩浆-构造活动研究”(2019M650833)、中国科学院地质与地球物理研究所岩石圈演化国家重点实验室开放课题“新元古代 Rodinia 超大陆裂解期扬子地块西缘低 $\delta^{18}O$ 岩浆岩时空分布及构造活动”(SKL-K201902)项目和中国博士后优秀学术专著出版资助项目联合资助。

本书是在作者博士后出站报告的基础上，通过对相关研究内容进行系统总结和修改所著。在成书过程中，感谢博士后合作导师中国科学院地质与地球物理研究所李献华院士对本书前期的研究选题、主要研究内容、相关科研课题的配套及最终成文的帮助，感谢成都理工大学徐旃章教授在笔者整个博士后研究阶段的野外工作中给予的指导和帮助。本书研究过程中得到了中国科学院地质与地球物理研究所李娇、刘宇、兰中伍、杨亚楠、高钰涯、周久龙、吴黎光，云南大学曾敏，成都理工大学曹华文、付于真等同事的建议和指导；本书的撰写和插图清绘过程还得到了成都理工大学黄长成、陈海锋、于会冬、马梓涵、朱贺、李阳、蒋修未、肖斌、李敏、刘明鑫、鲁译壕等研究生的大力支持和帮助，他们以不同形式审阅全书或部分章节，并提出宝贵的修改意见。谨向上述老师、同事、学生及提供帮助的所有人士表示由衷的敬意和感谢!

由于作者水平有限，书中不足之处，敬请读者批评、指正。

目　录

第1章　绪　　论

地球（地壳、地幔以及流体）中含量最高的元素为 O，不同类型的岩石由不同性质的 O 同位素组成，有着不同范围的 $\delta^{18}O$。例如，$\delta^{18}O$ 平均值最高的是沉积岩，其次是变质岩。$\delta^{18}O$ 平均值最低的是岩浆岩，其平均值通常为 6‰～10‰。而 $\delta^{18}O$ 低于正常幔源岩浆岩 $\delta^{18}O$[（5.3±0.6）‰，Valley et al.，1998]的岩浆岩则比较罕见（Bindeman，2008）。这种罕见的具有低 $\delta^{18}O$ 的岩浆岩的成因机制和形成时所处的大地构造位置一直受到全球地质学家的关注。

岩浆分异过程基本上不改变岩浆岩的 O 同位素组成，O 同位素的改变通常和水岩反应有关（Zhao and Zheng，2003）。张少兵和郑永飞（2011）通过理论计算，认为岩浆岩 $\delta^{18}O$ 的显著降低和高温水岩反应有关。具有低 $\delta^{18}O$ 的天然储库是海水（$\delta^{18}O$ 为 0‰±1‰）（Bindeman，2008）和大气降水（在中纬度地区为−10‰～−6‰，在高纬度地区可低达−50‰～−30‰）（Hoefs，2009），所以在地质过程中，岩浆岩和这些特殊储库通过高温水岩反应进行 O 同位素交换，就能形成低 $\delta^{18}O$ 岩浆岩。一般而言，低 $\delta^{18}O$ 岩浆岩的形成只需要满足两个条件：①大气降水或者海水参与；②高温水岩反应的地壳重熔。值得一提的是，海水的 $\delta^{18}O$ 通常不低于 0‰，而随着纬度的增高，大气降水的 $\delta^{18}O$ 最低可达−50‰，因此仅有大气降水热液蚀变才能形成 $\delta^{18}O$<0‰的岩石（Zheng et al.，2003）。

从全球已发表的一万余个锆石 $\delta^{18}O$ 数据资料统计可知：在新元古代中期（约 800Ma 之后）全球的锆石 $\delta^{18}O$ 出现了明显的亏损[图 1-1（a）]，这些含低 $\delta^{18}O$ 的锆石主要出现在中国华南、印度马拉里、马达加斯加、塞舌尔等地区；而在新元古代早期约 1000～800Ma 鲜有锆石 O 同位素值显著低于正常地幔值[（5.3‰±0.6‰）][图 1-1（b）]。新元古代中期也是罗迪尼亚超大陆的形成与裂解的重要时期（McMenaming and McMenaming，1990；Moores，1991；Hoffman，1991；Dalziel，1997），因此这些锆石 $\delta^{18}O$ 的明显亏损可能与罗迪尼亚超大陆的裂解存在着密不可分的关系。

通常认为在新元古代时期罗迪尼亚超大陆汇聚期间，扬子地块和华夏地块沿江南造山带汇聚形成了华南板块。沿扬子周缘发育有一系列的裂谷沉积盆地，并且这些盆地中保存有大量完好的新元古代岩浆岩，主要包括长英质、镁铁质和超镁铁质的岩浆岩，这些地质体记录了大量超大陆裂解的信息。因此，扬子地块是研究罗迪尼亚超大陆汇聚及裂解过程的理想场所(陆松年，2001；Zhao G C et al.，2002；Zhou M F et al.，2002a，2006；Li Z X et al.，2003；Li X H et al.，2010a，2010b，2010c；Dong et al.，2012；李献华等，2012；Zhao and Cawood，2012；Cui et al.，2015)，能为地学界关于罗迪尼亚超大陆聚合和裂解时间的争议提供关键的信息(Li Z X et al.，2002；Zhou M F et al.，2002a，2002b)，并且能为罗迪尼亚超大陆重建和华南新元古代壳幔演化提供新的证据。

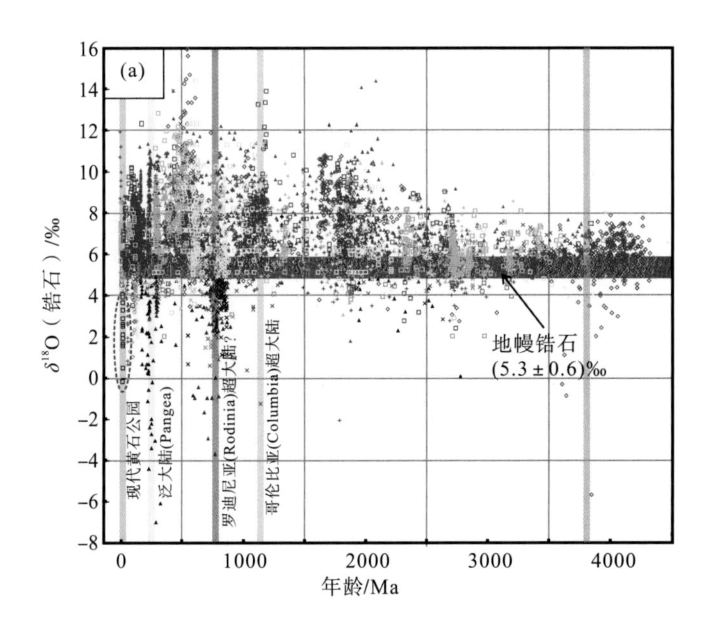

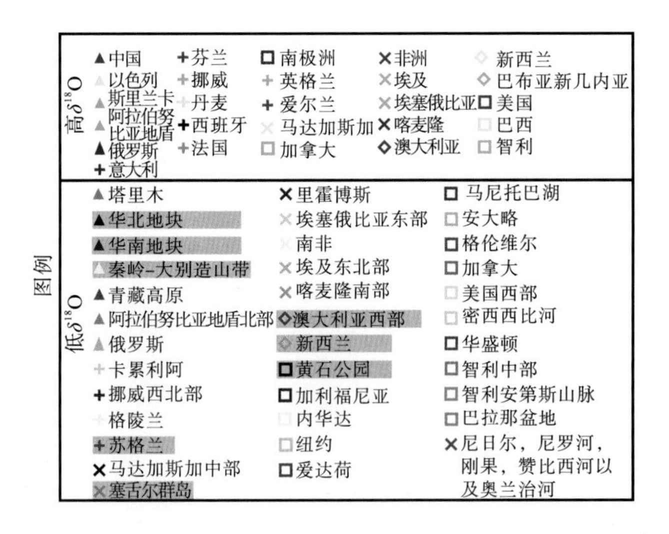

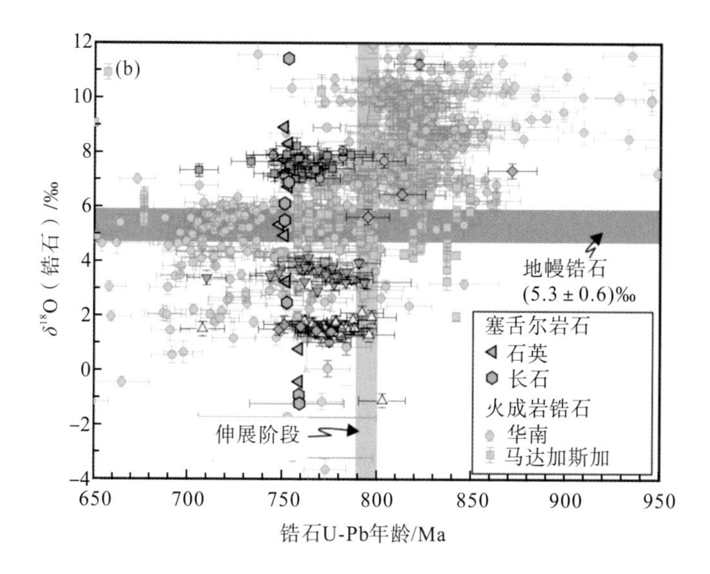

图 1-1　(a)全球锆石 $\delta^{18}O$(‰)数据库(Spencer et al.，2017)，蓝线表示平均线变化；(b)岩浆岩中新元古代单个锆石颗粒的 $\delta^{18}O$ 与 U-Pb 年龄的关系图(Wang W et al.，2017)

扬子地块西缘存在广泛的新元古代岩浆活动，发育大量的长英质、镁铁质和超镁铁质岩浆岩侵入体(四川省地质矿产局，1991；Li X H et al.，1999，2010a，2010b，2010c，2003；李献华等，2002a，2002b；Li Z X et al.，2003；Ling et al.，2003；王选策等，2003；Zhou M F et al.，2002b，2006；赵俊香等，2006；张沛等，2008；Cui et al.，2015)。扬子地块西缘的岩浆岩侵入体之间有着紧密的联系，高坪岩体、同德岩体、关刀山岩体、沙坝岩体、彭灌杂岩、牟托岩体、宝兴杂岩、雪隆包岩体、康定杂岩和汉南酸性杂岩等多个岩体均形成于新元古代(四川省地质矿产局，1991；李献华等，2002a，2002b；Zhou M F et al.，2002a，2006；赵俊香等，2006)。

关于超大陆裂解的动力学机制，目前存在超级地幔柱(superplume)和围绕超大陆的环形俯冲(encircling subduction)两种不同的认识，亦分别称之为“bottom-up”和“top-down”模式(Courtillot et al.，2003；Cawood et al.，2018)。同样，目前对于扬子地块西缘新元古代岩浆岩的侵入体的形成存在两种认识：部分学者认为扬子地块西缘的岩浆岩形成于大陆裂谷环境，而裂谷的形成与地幔柱活动有关，在地幔柱上涌的过程中罗迪尼亚超大陆裂解，并同时发生了幔源岩浆的侵入或壳源岩石的部分熔融形成这些岩浆岩(Li Z X et al.，1996，2003；李献华等，2002a，2002b；Huang et al.，2008；Zhu et al.，2008)；还有部分学者认为扬子地块西缘的岩浆岩形成于洋壳俯冲和火山弧构造环境，为幔源岩浆与下地壳熔融物质混熔的产物(Zhao

G C et al.，2002；Zhou M F et al.，2002a，2006；赵俊香等，2006；Zhao and Zhou，2007b；张沛等，2008；Zhao J H et al.，2008）。

对岩浆岩成因机制解释的不同，导致对扬子地块西缘新元古代中期岩浆岩形成的构造背景还没有定论，亟待深入研究。此前对扬子地块西缘岩浆岩年代学的研究已取得了不少的成果，但对扬子地块西缘低 $\delta^{18}O$ 岩浆岩的研究微乎其微（图 1-2），扬子地块西缘是否存在大范围的低 $\delta^{18}O$ 岩浆岩仍需更多的数据支持和进一步深入的研究。如果扬子地块西缘存在大量的低 $\delta^{18}O$ 岩浆岩，那么在罗迪尼亚超大陆重建的过程中［图 1-3（a）］，到底将华南放在罗迪尼亚超大陆的西北缘［图 1-3（c）］还是用 Missing Link 模型［图 1-3（d）］，抑或是其他模型？关于动力学机制到底是超级地幔柱（superplume，bottom-up 模式）还是围绕超大陆的环形俯冲（encircling subduction，top-down 模式）？

扬子地块西缘的岩浆岩带是否广泛发育低 $\delta^{18}O$ 岩浆岩？如果扬子地块西缘出现大范围的低 $\delta^{18}O$ 岩浆岩发育，将出现一个“环扬子”+华夏陆块的大范围低 $\delta^{18}O$ 岩浆岩省，那么中国华南位于罗迪尼亚超大陆中部的裂谷环境可能会更合理地解释这一现象［图 1-3（d）］。如果扬子地块西缘不存在大范围的低 $\delta^{18}O$ 岩浆岩发育，那么应该寻找更科学合理的方式来解释华南新元古代中期低 $\delta^{18}O$ 的空间分布特征。如果华南在罗迪尼亚超大陆重建中位于超大陆西北缘［图 1-3（c）］，那么这个新元古代带将是全球规模最大的低 $\delta^{18}O$ 岩浆岩带。此外，对这些低 $\delta^{18}O$ 岩浆岩的成因机制与构造背景开展研究以确定其是否形成于岩浆弧环境，是检验罗迪尼亚超大陆外缘发育环形俯冲作用的核心任务之一［图 1-3（b）］，也是检验 top-down 模式的关键。扬子地块西缘新元古代中期岩浆岩 $\delta^{18}O$ 的研究将对扬子地块西缘在新元古代罗迪尼亚超大陆裂解时期所处的大地构造背景进行检验，为罗迪尼亚超大陆裂解的动力学机制提供更详细的基础资料，也将为华南在罗迪尼亚超大陆重建中所处的位置提供非常重要的证据。

1.1 罗迪尼亚超大陆研究现状

超大陆是指在一段时间内，全球大部分的地块在漂移过程中汇聚成一整块大陆。超大陆汇聚和裂解对人类了解地球的地壳表层以及深部过程有着重要的作用，全球公认的超大陆有古元古代的哥伦比亚（Columbia）超大陆、新元古代的罗迪尼亚超大陆和晚古生代的泛大陆（Pangaea）；（Rogers and Santosh，2003；Meert，2012）。罗迪尼亚超大陆最早提出于 20 世纪 90 年代初期，McMenaming 和 McMenaming（1990）、Hoffman（1991）、Dalziel（1997）和 Moores（1991）等依据格林威尔等地区的造山运动研究提出在新元古代早期（1000～850Ma），全球的陆块

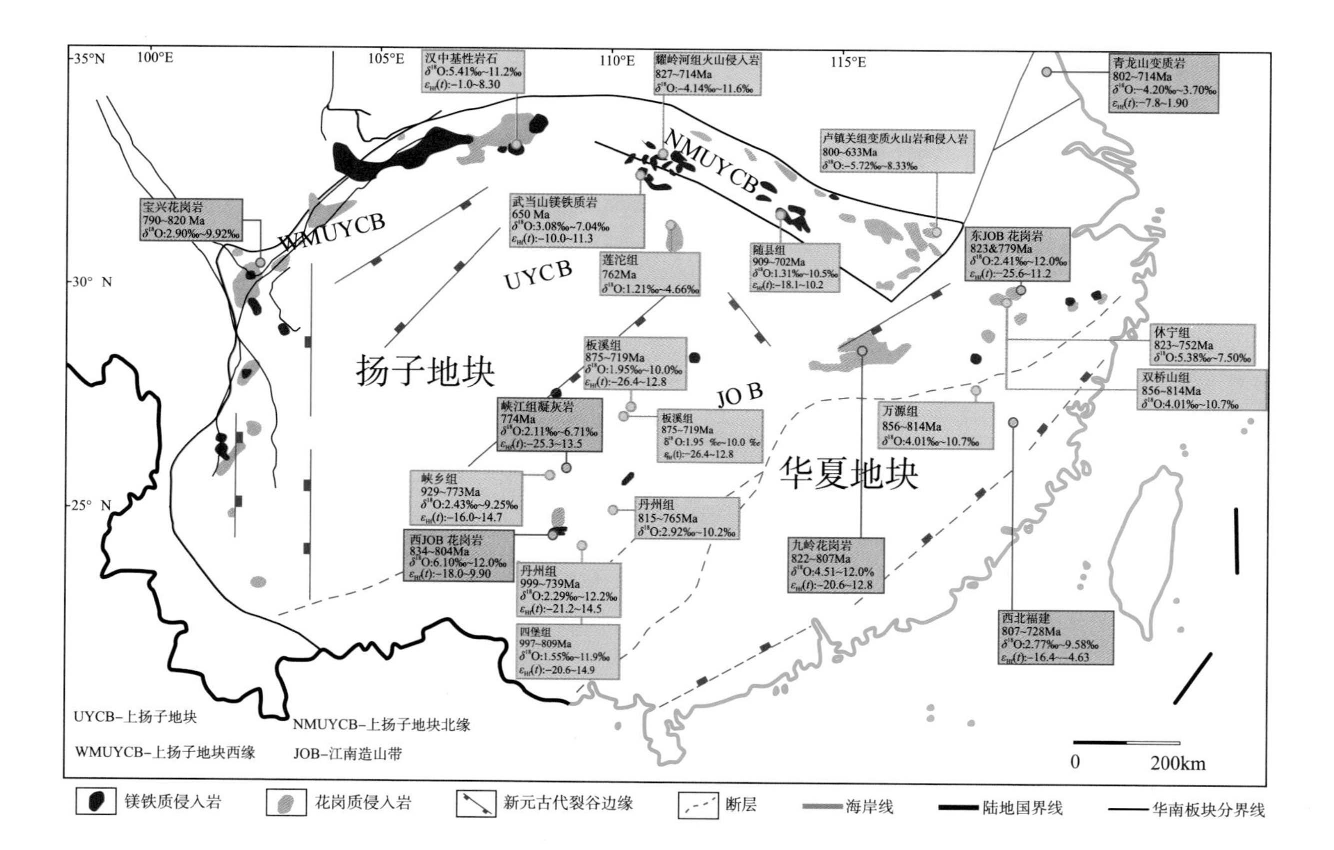

图1-2 中国华南新元古代形成时代及O同位素分布图

(数据源自Zhou M F et al., 2002a, 2006; Wang and Li, 2003; 赵俊香等, 2006; Zheng Y F et al., 2008b; Dong et al., 2012; Wang X C et al., 2012; Wang Y J et al., 2013; He et al., 2016; Huang et al., 2019)

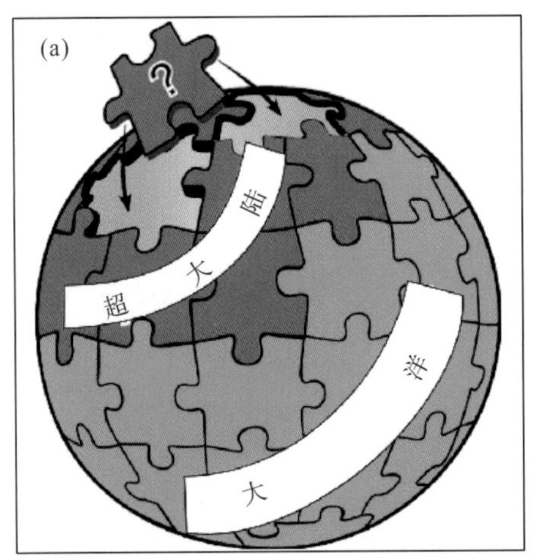

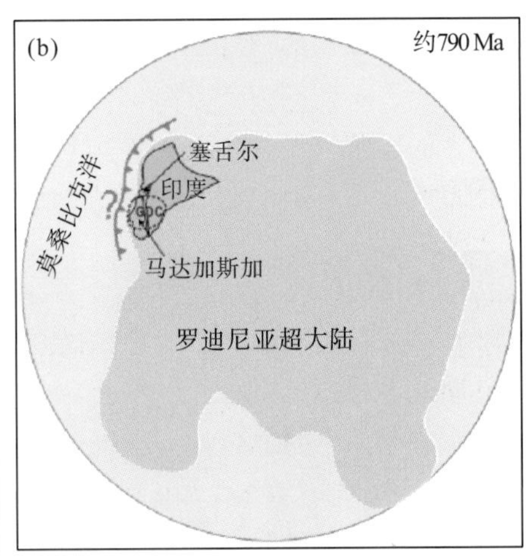

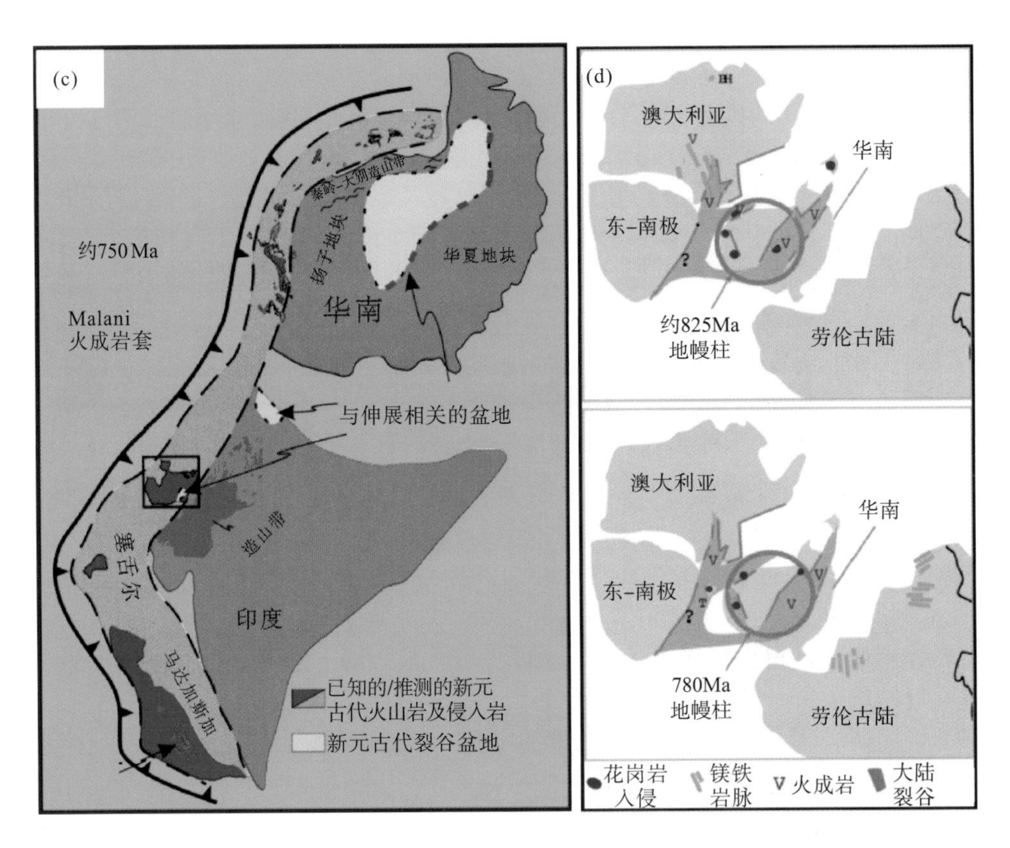

图1-3 (a)超大陆重建与地球拼图示意图(Wan et al., 2015);(b)质疑新元古代中期(约790Ma)罗迪尼亚超大陆西北缘为活动大陆边缘示意图(Zhou J L et al., 2018);(c)新元古代中期莫桑比克洋俯冲形成的罗迪尼亚超大陆西北缘(马达加斯加-塞舌尔-印度-华南)活动大陆边缘示意图(Wang W et al., 2017);(d)Missing Link 模型中地幔柱活动的证据(Li Z X et al., 2008)

发生汇聚形成了罗迪尼亚超大陆。罗迪尼亚超大陆是显生宙以来所有大陆漂移与演化的开始，不仅是前寒武时期的早期动物诞生之地，其通过超大陆汇聚与裂解过程产生的岩浆喷发与侵入和断陷盆地沉积更是对元古宙及其后期各种矿产的形成与分布产生了深远的影响，并奠定了元古宙后地块活动的初始模型。

“罗迪尼亚超大陆”的概念提出后，经过30余年的研究与探索，学者们对其汇聚与裂解的时间达成一定的共识：罗迪尼亚超大陆在新元古代早期(1000～850Ma)发生汇聚，其中格林威尔造山运动是超大陆汇聚记录的主要载体，也是中元古代晚期各个陆块发生碰撞汇聚的标志；经过汇聚过程后，罗迪尼亚超大陆在新元古代中期(850～650Ma)发生裂解，各个陆块相背分离超大陆解体(Li Z X et al.，1995，2002，2003，2008，2013；Condie，2001；Wang and Li，2003；Greentree et al.，2006；Wang Y J et al.，2013；Wang W et al.，2017)。关于超大陆裂解的动力学机制和罗迪尼亚超大陆汇聚与分离过程中全球各个地块的详细位置仍存在较大的争议(王剑，2000；Bartolini and Larson，2001；Zhao G C et al.，2002；Li Z X et al.，2003；Torsvik，2003；林广春等，2006；Mitchell et al.，2012；Zhao and Cawood，2012；Wang Y J et al.，2013；Cawood et al.，2018)。

针对超大陆裂解的机制，前人共提出了三种不同的动力学模型：①认为超级地幔柱的上涌形成的一系列全球性的陆内裂谷导致超大陆的裂解(Li Z X et al.，2002，2003；Li X H et al.，2009a)；②认为在新元古代全球性造山事件(格林威尔造山事件)形成罗迪尼亚超大陆后，发生了大范围的造山后崩塌和拆沉作用，最终导致超大陆的裂解(Zheng et al.，2007，2008a)；③认为罗迪尼亚超大陆在新元古代经历长时间的俯冲过程后，板片后撤形成的弧后裂谷导致超大陆的裂解(Zhou M F et al.，2002a)。其中，地幔柱模式和俯冲模式同时支持不同的华南在罗迪尼亚超大陆位置的假说。这些模式详细介绍如下。

(1)地幔柱模型(Li Z X et al.，1995，1999；Wang J and Li，2003；Wang J et al.，2011)。此观点最初由Li Z X等(1995)提出，并且认为华南板块位于罗迪尼亚超大陆的中心位置。随后李献华(2002b)通过对扬子地块西缘苏雄组双峰式火山岩开展研究，得出形成苏雄组双峰式火山岩的大陆裂谷环境与埃塞俄比亚裂谷环境相似，进一步支持825Ma华南地幔柱模式。之后地幔柱模式得到更多地质学者的认同和响应。Huang等(2008)通过对冕宁A型花岗岩的研究，认为新元古代时期扬子地块处于裂谷环境。罗迪尼亚超大陆裂解时期的地幔柱模型图如图1-4所示。

(2)板块裂谷模型。Zheng等(2007，2008a)在对扬子南缘江南造山带和扬子西缘的新元古代岩浆岩研究后发现，这些岩浆岩呈幕式产出，在825～790Ma和780Ma之后出现两次岩浆岩的集中产出，并且这两次岩浆事件的Hf同位素、O同位素特征和主量微量元素各不相同。这个模型认为弧陆碰撞之后，扬子地块加厚的下地壳会发生拆沉作用，并最终导致造山带垮塌。第一阶段岩浆岩的大规模形成与该阶段的造山带垮塌有关，岩浆岩来源于古老地壳的再重熔。在约 780Ma 之后，裂谷逐渐成熟，地幔向地壳大量供应热源和物质，裂谷边缘处发生广泛的地壳生长，形成大量具有非造山性质的岩浆岩，并且岩浆沿着裂谷构造带发生高温水岩反应，形成大量低 $\delta^{18}O$ 岩浆岩。

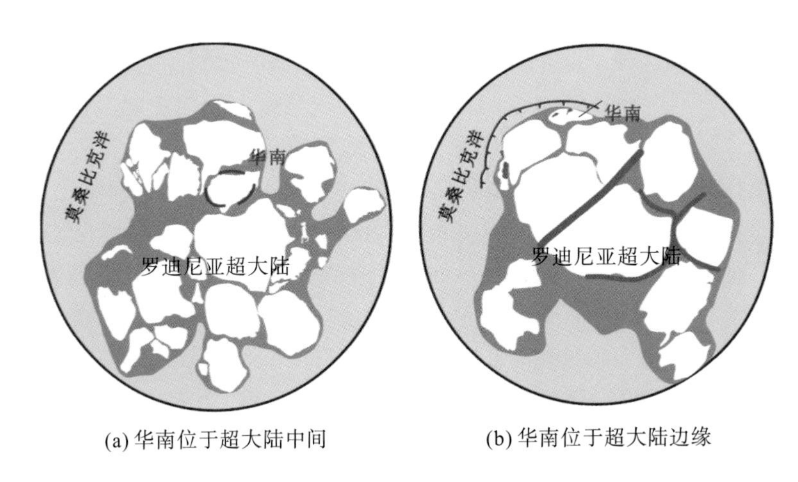

(a) 华南位于超大陆中间　　(b) 华南位于超大陆边缘

图 1-4　罗迪尼亚超大陆裂解时期的地幔柱模型图

(据 Zou et al.，2024)

(3) 岛弧模型。Zhou 等(2002a，2002b)在对扬子西缘的岩浆岩进行研究时发现这些岩浆岩大多具有明显的岛弧岩浆岩特征，如明显的 Nb-Ta 负异常。之后在扬子北缘也发现了大量类似的新元古代岩浆岩。因此岛弧模型的支持者将扬子西缘和扬子北缘连接起来，认为攀西-汉南是一个整体的弧，扬子板块在新元古代长期受到俯冲作用的影响。在对比两地古地磁特征的情况下，将这条岩浆岩弧和印度的新元古代岩浆岩弧相连接[图 1-4(b)]，提出华南在新元古代位于罗迪尼亚超大陆的边缘，与印度相连(Zhou M F et al.，2002a，2002b；Zhao J H et al.，2011；Wang Y J et al.，2013)。

这几种模式都有各自不能解释的地质现象，因此地学界针对超大陆裂解的大陆动力学机制进行了长期的争论。地幔柱模型虽然能合理地解释华南板块新元古代时期广泛出现的双峰式火成岩、大陆溢流玄武岩、科马提岩、低 $\delta^{18}O$ 岩浆岩的成因，并能提出合理的模式解释当时华南板块异常的地温梯度，但也较难解释华南地区以长英质岩浆岩为主，镁铁质岩浆岩为辅的分布特征。岛弧模型能解释华南新元古代大多数长英质岩和镁铁质岩的成因，但是过于依赖地球化学特征，并且无法排除新元古代早期弧陆俯冲对于之后形成的岩浆岩地球化学特征的影响，且难以对科马提岩、还原性 A 型花岗岩、中性岩的缺失和过高的镁铁质岩的地幔潜在温度进行合理的解释。现阶段，板块裂谷模型的诸多地质证据主要来自江南造山带的新元古代花岗岩，关于下地壳拆沉的证据不够充足，不能衡量拆沉作用是否在新元古代时期华南板块广泛出现，并且缺少对扬子西缘和北缘的岩浆岩的系统性总结(李奇维，2018)。

1.2　扬子地块西缘研究现状

罗迪尼亚超大陆汇聚过程的研究均主要集中在格林威尔地区，而关于其裂解过程的研究区域较为分散，在中国主要集中在扬子地块的西缘-西北缘-北缘一带(王剑，2000)。在新元古代中期，在扬子地块的西缘-西北缘-北缘附近伴随发生大量的岩浆活动，扬子地块是记录罗迪尼亚超大陆裂解过程的重要载体(Zhao G C et al.，2002；Li Z X et al.，2003；Zhou M F et al.，2002b，2006；Dong et al.，2012；Zhao and Cawood，2012；李献华等，2012；Cui et al.，2015)，因此对扬子地块西缘的新元古代中期岩浆岩的研究对于解释罗迪尼亚超大陆的裂解过程具有积极意义。

扬子地块是华南板块的重要组成部分，扬子地块西缘在新元古代岩浆活动非常强烈，形成了大量的超基性-基性、中性、酸性岩浆岩侵入体(李献华等，2002a，2002b；王选策等，2003；Ling et al.，2003；赵俊香等，2006；Zhou M F et al.，2002a，2006；张沛等，2008；Li X H et al.，1999，2009a，2009b，2010a、2010b、2010c；Cui et al.，2015)。这些岩体大多数侵位于新元古代扬子地块西缘的基底岩层中，很好地保存了扬子地块西缘地壳演化和罗迪尼亚超大陆裂解与聚合等地质演化过程的重要信息(李献华等，2002a，2002b；赵俊香等，2006；裴先治等，2009)。

自20世纪90年代开始，众多的国内外地质学家对扬子地块西缘的新元古代岩浆岩开展了长期、科学的研究，使用了多种研究方法和分析手段，对研究区内大量出露的岩浆岩开展系统且科学的分析，使得扬子地块新元古代的岩浆和构造演化过程变得更加清晰明了。同时，大量年龄数据的产生也更新了以往对研究区岩浆岩的一些错误看法，前人认为位于研究区的康定杂岩与TTG[奥长花岗岩(trondhjemite)、英云闪长岩(tonalite)、花岗闪长岩(granodiorite)]岩石组合及太古宙地体的性质类似，因此一直把康定杂岩看作是扬子地块西缘的古老结晶基底(四川省地质矿产局，1991)。但是二次离子质谱(SIMS)、激光剥蚀-电感耦合等离子体质谱(LA-ICP-MS)、二次离子探针质谱(SHRIMP)等一些高精度原位测年方式的出现，证明扬子地块西缘的岩浆岩形成于新元古代，而非前人认为的这套岩体是扬子地块太古代-古元古代结晶基底。这套岩体的年龄：雪龙宝杂岩体为(748±7)Ma(Zhou M F et al.，2006)；宝兴杂岩体为850～800Ma(Meng et al.，2015)；大相岭花岗岩为(816±10)Ma(Zhao J H et al.，2008a)；石棉花岗岩为

(797±22) Ma (Zhao J H et al.，2008)；冕宁花岗岩为(777±4.8) Ma (Huang et al.，2008)；关刀山花岗闪长岩为(857±13) Ma (Li Z X et al.，2003)；大田埃达克岩体为(760±4) Ma (Zhao and Zhou，2007b)；大陆花岗岩为(779±2) Ma (Zhu et al.，2018)，年龄集中在 851～748Ma。

但是关于这套岩体的成因机制以及构造环境，目前地学界还没有达成共识，不存在确切的定论。扬子地块西缘依旧是国内外地质学家们研究的热点，相信以后会有更具有说服力的研究成果的发表。同时近年来，很多国内外地质学家在扬子地块北缘、江南造山带、华夏板块等均发现有大量低 $\delta^{18}O$ 岩浆岩，但目前扬子地块西缘 $\delta^{18}O$ 岩浆岩的研究几乎是一片空白，仅在宝兴杂岩体有 $\delta^{18}O$ 的研究工作并发现了低 $\delta^{18}O$ 岩浆岩记录(Fu et al.，2013)。因此，扬子地块西缘的新元古代岩浆岩也一直是众多地质学家关注和研究的重要目标。对于研究区内的岩浆岩，特别是花岗质岩石，在其源区特征、岩浆演化、岩石类型和构造环境方面依然需要开展大量深入、细致的研究工作。

1.3 花岗岩研究现状

花岗岩是酸性侵入岩的一种，其 SiO_2 含量通常大于 66%，并具有较浅的颜色，如常见浅肉红色、浅灰白色，主要呈块状构造，结构多呈细-中-粗粒结构不等。花岗岩的主要矿物为石英和长石(包括斜长石、钾长石等)，次要矿物为黑云母、白云母、角闪石和少量辉石，副矿物有绿泥石、绿帘石、磁铁矿、榍石、锆石、磷灰石、电气石和阳起石等(邱家骧，1985；李昌年，1992)。花岗岩类是大陆上地壳的主要构成部分，大约 86%的大陆上地壳是由花岗质岩石组成的，是地球区别于太阳系内其他行星的重要标志(吴福元等，2007a)。对花岗岩的研究不仅能够为探索大陆地壳的形成、演化提供线索，为区域构造演化提供限定，还能够帮助研究人员了解壳幔之间相互作用的重要信息(吴福元等，2007a)，同时可以为探讨成矿背景提供重要的依据。因此，花岗岩类岩石成为科学家了解岩石圈特征、示踪地壳演化、探讨地球动力学、分析成矿规律与成矿预测的重要研究对象。

花岗岩的分类问题一直是国内外学者的研究重点，20 世纪 80 年代是花岗岩分类研究的巅峰时段，国内外学者从不同角度提出了近 20 种花岗岩的成因分类方案。通过 20 年的研究，这些方案中的大部分已不再被有关研究者所采纳和应用。现在普遍被地质学者所认同的分类方法只有几种：①按照源岩性质划分(Chappell，1974；Loiselle and Wones，1979；White，1979)，可将花岗岩划分为 I 型(源岩为变质火成岩)、S 型(源岩为变质沉积岩)、M 型(地幔起源的花岗岩)、

A 型(形成于非造山环境的花岗岩)，这一种分类方法能够反映花岗岩的源区性质，同时可以分析花岗岩岩浆形成时的温度、压力等物理条件。②根据构造环境将花岗岩分为板内花岗岩(WPG)、岛弧花岗岩(VAG)、造山带花岗岩(ORG)、同碰撞花岗岩(Syn-COLG)(Pearce et al.，1984)，这种分类方法着重将花岗岩和构造环境相结合。但是有研究成果认为这种分类方式并不能反映花岗岩形成时的构造环境，而是反映了其源岩形成时的构造环境(张旗等，2009)。③根据花岗岩中主要岩石的含量所制定的 Q-A-P(石英-碱性长石-斜长石)花岗岩分类图解(Lemaitre and IUGS，2002)，这种分类方法科学简洁，不需要进行化学分析测试。除此之外我国学者徐克勤等(1983)将花岗岩分为陆壳改造型、同熔型和幔源型，这种分类方式充分考虑花岗岩源岩的物质来源，而被地学领域的广大学者所认同，在国内外产生了很大的影响。

此外，Watson 和 Harrison(1983)认为锆石饱和温度可以看作是花岗岩结晶时的温度，从而发明出花岗岩锆石饱和温度的计算公式，有利于研究花岗岩成岩时的温度和构造环境。花岗岩的研究在壳幔混合、板块俯冲、超大陆重建和地壳演化等很多领域取得了长足的进步(杨进辉等，2008；张旗和李承东，2012；王冠等，2013；徐久磊等，2013)，而且在研究花岗岩成矿特征和成矿理论方面也获得了不小的进展(陈志广等，2008；张旗等，2009，2010a，2010b；华仁民和王登红，2012)。

1.4　新元古代 O 同位素研究现状

O 是地壳、地幔以及流体中含量最高的元素，也是所有类型岩石的主要组成元素，因此 O 同位素是一个对岩石和流体进行分析的强有力的工具，有助于对矿物和岩石的成因、岩浆的演化、岩浆和围岩的相互作用、地质过程中流体性质和规模、水岩反应的程度进行研究(Hoefs，2009)。而锆石对 O 元素具有较好的封闭性，能保留岩浆岩形成时的 O 同位素特征，对 O 同位素进行研究既能衡量幔源岩浆对花岗岩的影响，也能衡量高温或低温水岩反应对岩浆岩形成的影响(Valley et al.，2005)。因此，锆石 O 同位素分析技术也被用于研究新元古代时期的罗迪尼亚超大陆，并逐渐发展成为一种重要的研究方法，在判断岩浆岩体的构造环境方面有着非常明显的作用。通常情况下，岩浆岩的 $\delta^{18}O$ 在幔源岩浆岩 $\delta^{18}O$ 范围内(5.3‰±0.6‰；Valley et al.，1998)，或由于后期风化作用具有高于这个范围的 $\delta^{18}O$。在地球上，具有低于 5.3‰±0.6‰的 $\delta^{18}O$ 的岩浆岩被称作低 $\delta^{18}O$ 岩浆岩，是一类比较少见的岩石，其形成往往需要特殊的地质过程，如高温水岩反应。在全球范围内出现低 $\delta^{18}O$ 岩浆岩实例的报道数量有限，主要有印度马拉尼(Malani)

花岗岩(Wang W et al.，2017)、塞舌尔(Seychelles)群岛的长英质岩(Taylor，1968，1974，1977；Harris and Ashwal，2002)、中国扬子地块的花岗岩及火山-沉积岩(Zheng et al.，2004，2007)、中国华夏板块的火山-沉积岩(Huang et al.，2019)、中国东部沿海的花岗岩(Li C S et al.，2015)、美国黄石高原的流纹岩(Friedman et al.，1974；Hildreth et al.，1984；Bindeman and Valley，2000；Bindeman et al.，2008)、冰岛的玄武岩(Muehlenbachs et al.，1974；Condomines et al.，1983)、美国爱达荷州的部分火山岩和深成岩(Larson and Geist，1995；Boroughs et al.，2005；Bindeman et al.，2007)。

另外，在苏格兰斯凯(Skye)岛、阿伦(Arran)岛和马尔(Mull)岛上同样发现有低 $\delta^{18}O$ 岩浆岩(Forester and Taylor，1976；Cartwright and Valley，1991；Gilliam and Valley，1997；Monani and Valley，2001)，太平洋夏威夷群岛也被报道存在低 $\delta^{18}O$ 镁铁质侵入岩(Wang and Eiler，2008)。前人在冰岛进行钻孔并对冰岛的低 $\delta^{18}O$ 岩浆岩的分布进行分析时发现，冰岛岩浆岩亏损 O 同位素的程度随着岩浆岩距离裂谷中心距离减小而递增，越靠近裂谷中心的岩浆岩越具有更低的 $\delta^{18}O$。因此，前人认为裂谷中心的高水岩比、高热量供应和高度发育的伸展构造，使地壳浅部发生大量的热液循环和高温水岩反应，导致 $\delta^{18}O$ 岩浆岩的形成(张少兵和郑永飞，2011)。

锆石 O 同位素组成是判断低 $\delta^{18}O$ 岩浆岩的重要指标(Zheng et al.，2007，2008a；Bindeman et al.，2008；Li Y et al.，2015；He et al.，2016)。这一指标相对早期根据全岩 O 同位素组成或者石英 O 同位素组成的判断标准更为准确。锆石具有很好的 O 同位素的封闭性和较好的稳定性(Cherniak，2003)，是最不容易受到后期热液蚀变影响、最能反映岩浆 O 同位素组成的矿物。如果锆石 O 同位素值显著低于正常地幔值(5.3‰±0.6‰)，通常意味着其母岩浆也同样相对亏损 $\delta^{18}O$。前人研究资料表明(Friedman et al.，1974；Muehlenbachs et al.，1974；Condomines et al.，1983；Bindeman et al.，2008)，有着三种不同的模式能形成低 $\delta^{18}O$ 岩浆岩：①第一种模式认为受热液蚀变后具有亏损 O 同位素特征的岩石部分熔融后能形成具有低 $\delta^{18}O$ 的岩浆，或者是新形成的岩浆同化了这些亏损 O 同位素的岩石；②第二种模式认为与大气降水充分反应后的破火山口岩石随着破火山口垮塌与岩浆房中的岩浆充分反应，形成具有低 $\delta^{18}O$ 的岩浆；③第三种模式认为俯冲环境下形成的洋壳和海水进行高温水岩反应，这些洋壳在之后发生部分熔融也能形成低 $\delta^{18}O$ 岩浆。在所有构造体制中，大陆裂谷构造带最有利于低 $\delta^{18}O$ 岩浆的形成。原因在于大陆裂谷常发育有广泛的伸展构造，有利于热液在浅部的循环，且裂谷环境常常具有较薄的地壳，岩浆热流容易到达地壳浅部为高温水岩反应提供热源(张少兵和郑永飞，2013)。

正如前文提及，低 $\delta^{18}O$ 岩浆岩的成因机制及其形成的大地构造背景是近年来地质学家及地球化学家关注的焦点之一，也存在着一定的争议。在新元古代中期，

中国华南亏损 $\delta^{18}O$ 岩石分布面积非常广泛。扬子地块北缘的大别造山带和苏鲁造山带都有分布，超高压变质岩的原岩年龄和弱变质的岩浆岩都具有新元古代年龄。张少兵和郑永飞(2011)提出裂谷岩浆与冰川融水的共同作用，或者说“冰与火”的相互作用是扬子北缘发育低 $\delta^{18}O$ 岩浆岩的原因。中国华南北缘新元古代中期大气降水热液蚀变和亏损 $\delta^{18}O$ 岩浆作用的具体时间分别为约 750Ma 和约 780Ma (Xiao Y L et al.，2000；Zheng et al.，2004)。Zheng 等(2004，2008a)认为，新元古代华南板块中的冰川在超大陆裂解提供热源的影响下融化，提供了大量低 $\delta^{18}O$ 的冰雪融水，影响了这些低 $\delta^{18}O$ 的华南新元古代长英质岩的形成，并提出低 $\delta^{18}O$ 流体应该是冰雪融水，而不是大气降水。在裂谷初期，大规模的伸展构造发育，高温的镁铁质岩浆沿着这些伸展构造侵位，为大量低 $\delta^{18}O$ 岩浆的形成提供了大量的热源。

而 Wang W 等(2017)认为在板块俯冲的大地构造背景下，印度马拉尼岩套低 $\delta^{18}O$ 流纹岩以及英安岩的来源可能是同源的玄武岩，随后熔化产生低 $\delta^{18}O$ 流纹岩。这些玄武岩早于流纹岩形成，在大气降水的作用下被改变 $\delta^{18}O$，然后被重新熔化以产生低 $\delta^{18}O$ 的流纹岩及英安岩。同时，Wang W 等(2017)也提出中国华南、印度、马达加斯加以及塞舌尔的低 $\delta^{18}O$ 岩浆岩可能在新元古代中期有着类似的成因机制和大地构造背景。

Huang 等(2019)则通过对华夏陆块新元古代中期火山-沉积岩的碎屑锆石和岩浆锆石的研究，认为新元古代中期低 $\delta^{18}O$ 岩浆主要来源于多次循环的高温热液蚀变至原岩的 $\delta^{18}O$ 亏损，以及随后的 $\delta^{18}O$ 亏损岩石的重熔(Bindeman et al.，2008；张少兵和郑永飞，2011；Wang X C et al.，2011；Yang Y N et al.，2016；Wang R R et al.，2017)；还有部分低 $\delta^{18}O$ 岩浆来自俯冲海洋下地壳的熔融(Wei et al.，2002)，类似于再循环洋壳，由于高温下的同位素交换和海水蚀变，具有低 $\delta^{18}O$ 的 MORB 类似的放射性同位素特征(Wei et al.，2002；Bindeman et al.，2005；Yang B et al.，2017)。

第2章　扬子地块地质概况

2.1　区域地质背景

华北、华南和塔里木地块在显生宙碰撞拼贴，这三个地块中分布着众多的前寒武纪地块。华南板块北缘与华北板块以秦岭-大别-苏鲁造山带相隔，西南缘与印支板块以哀牢山-红河断裂相邻，西北缘与松潘-甘孜地体以龙门山断裂带为界，东南缘紧邻太平洋。与华北克拉通的基底以太古宙和古元古代基底岩石为主不同，华南克拉通前寒武纪基底几乎完全由元古宙岩性组成，仅有少量太古宙岩石出露在崆岭地区(Zhao and Cawood，2012)。西北部的扬子地块和东南部的华夏地块在新元古代时期碰撞拼合形成华南板块，其碰撞带称为江南褶皱带。

扬子地块结晶基底(如崆岭杂岩)的组成，形成于太古代—古元古代。它们主要被中元古代晚期—新元古代早期的褶皱带包围着；某些区域被新元古代地层(变质程度较弱)所覆盖，呈不整合接触(如板溪群)，局部被未变质的震旦纪和南华纪地层覆盖。这种盖层序列被认为是在陆内裂谷盆地中发育的，被称为南华裂谷(Li Z X et al.，2003)。扬子地块北部的代表性岩层为崆岭杂岩、后河杂岩、黄土岭麻粒岩和鱼洞子岩群，形成时代为新太古代—古元古代。

崆岭杂岩体的组成主要为太古宙的变质沉积岩和TTG片麻岩，泉起滩花岗岩(约1.85Ga)从北边侵入，黄陵侵入岩体(820～750Ma)侵位于南边，周围还分布着未变质的沉积盖层(新元古代和古生代)。已有资料表明，崆岭杂岩中太古宙TTG片麻岩主要侵位于3.0～2.9Ga，变质年龄约为2.73Ga和2.0Ga。经历过超高温变质作用的黄土岭麻粒岩出露在大别山北部罗田穹窿核心的花岗质混合片麻岩中，呈长10m的透镜体，位于崆岭杂岩以东约200km处(Chen et al.，2006)。Sun M等(2008a)和Wu等(2008)的研究结果表明黄土岭麻粒岩中的锆石大多具有核-缘结构，核部具有振荡环带、较高的Th/U和HREE富集模式，与岩浆成因一致，而边缘具有扇形、低Th/U(含量比)、Eu负异常和平坦的HREE配分模式，是典型的变质成因。岩浆岩锆石核部($^{207}Pb/^{206}Pb$)的加权平均年龄为2.75～2.70Ga，为原岩的侵位年龄；变质锆石边部($^{207}Pb/^{206}Pb$)的加权平均年龄约为2.0Ga，是超高温变质事件的发生时间(Sun W et al.，2008b；Wu F Y et al.，2008)。与崆岭杂岩中的变质沉积岩一样，黄土岭麻粒岩的沉积原岩的沉积年龄并未受到严格的限制，但其最大和最小沉积年龄可限定在2.7～2.0Ga范围内。

扬子地块晚中元古代至早新元古代褶皱带可进一步划分为东南部的江南褶皱带和西北缘的攀西-汉南褶皱带。江南褶皱带以新元古代变质火山-沉积地层为主，由中新元古代过铝质(S型)花岗岩侵入，其上覆地层为中新元古代弱变质地层和晚新元古代未变质地层(震旦纪)，呈不整合接触。

攀西-汉南褶皱带由变质火山-沉积单元(晚中元古代至早新元古代)和深成杂岩(新元古代)组成，被晚新元古代未变质震旦纪地层不整合覆盖。与其中一些变质地层伴生的是新元古代深成杂岩，其中包括含有表壳岩石的花岗片麻岩、同碰撞或后碰撞花岗岩，以及镁铁质-超镁铁质侵入岩(Li X H et al.，2002，Li W X et al.，2005，2008a，2008b；Zhou M F et al.，2002a，2002b，2006)。在这些变质地层和深成杂岩之上，不整合地覆盖着广泛分布于整个扬子地块的未变质震旦纪盖层序列。

在江南造山带，变质火山-沉积单元包括桂北四堡群、黔东北梵净山群、湘中冷家溪群、赣西北九岭群和皖南上溪群，分别被儋州群、峡江群、板溪群、罗克洞群和丽口群不整合覆盖。浙西双溪坞群具有典型的弧岩组合，年龄为970～850Ma(Li X H et al.，2009a)。四堡群、梵净山群和冷家溪群的组成较复杂，主要由变质砂岩(绿片岩相)、页岩和粉砂岩组成，凝灰岩、细碧岩、角斑岩含量较少，还含部分科马提岩及其伴生的镁铁质-超镁铁质岩床(Wang X C et al.，2008)；在上溪群和九岭群地层中，石英角斑岩、细碧岩和凝灰岩分布较广。中新元古代过铝质(S型)花岗岩，包括侵入四堡群的825～800Ma三方花岗岩、本东花岗岩、天棚花岗岩、摩天岭花岗岩和元宝山花岗岩(Li X H，1999；Zheng et al.，2008a，2008b)，以及侵入梵净山群的约825 Ma岗边花岗岩(Wang X L et al.，2006)。在构造单元上，斜歪倾伏褶皱常出现在四堡群、梵净山群、九岭群、冷家溪群和上溪群，其所形成的褶皱与不整合上覆的板溪群、儋州群、峡江群、罗克洞群和丽口群发育的褶皱形成鲜明对比。

在云南省中东部，所有前震旦纪变质地层最初被命名为昆阳群，代表一个厚度很大的复理石序列，主要由绿片岩相变质的灰色至深色碳质板岩、粉砂岩、砂岩和碳酸盐岩组成(Yang M B et al.，1994)。该群传统上分为下部(银民组、罗雪组、二头场组和芦枝江组)、中部(大营盘组、黑山头组、大龙口组和梅当组)和上部(花家庆组和六八塘组)(Wu M D et al.，1990)。后来，Shen(2005)从昆阳群中分离出上亚群(花家庆组和六八塘组)，将其命名为新元古代六八塘群，相当于江南带的四堡群和板溪群。Zhao T P等(2009)从昆阳群下亚群中筛选出一些古-中元古代层序，命名为东川群。Wang X C等(2012)对昆阳群进行了碎屑锆石U-Pb-Hf同位素研究，其中最年轻的碎屑锆石年龄为(1014±48)Ma，为该群提供了最大沉积年龄。该年龄与该群黑山头组沉积岩样品的SHRIMP锆石U-Pb年龄

(1032±9) Ma 相差不大(Zhang et al., 2007)。Wang X C 等(2012)在昆阳群中还发现了源区来自新太古代至古元古代的碎屑锆石(2.8～2.7Ga、2.5～2.3Ga 和约 1.85Ga)。

在四川省最南端，变质地层东至会理群(中元古代晚期)，西到盐边群(早新元古代)。会理群由绿片岩相变质砂质-泥质沉积岩组成，上部为长英质火山岩。该群从底部向上细分为同安组、利马河组、凤山营组和天宝山组。底部的同安组由板岩、粉砂岩和砂岩组成，其中碎屑锆石 U-Pb 年龄约为 1004～989Ma(Sun W H et al., 2009)。最上部的天宝山组主要由流纹岩组成，年龄为(1028±9) Ma(Geng et al., 2007)，证实了该群中元古代晚期的年龄。盐边群主要出露于川南攀枝花地区，由厚的玄武岩熔岩和碎屑浊积岩组成，其中碎屑浊积岩又分为下层序(玉门组)、中层序(小平组)和上层序(杂谷组)。Zhou M F 等(2006)根据锆石 U-Pb 定年确定盐边群最大沉积年龄约为 840Ma。Li X H 等(2006)认为这与侵入盐边群的关刀山岩体测得的(857±13) Ma 最小年龄相矛盾。Li X H 等(2006)重新评估了 Zhou M F 等(2006)获得的最年轻锆石的 $^{207}Pb/^{206}Pb$ 年龄在 920 Ma 左右，解释为盐边群的最大沉积年龄。后来，Sun W 等(2008b)对盐边群不同地层中的碎屑锆石进行了进一步的 U-Pb 定年工作，其中最年轻的 U-Pb 年龄约为 865Ma，与关刀山岩体最小的年龄(857±13) Ma 一致。基于地质年代学和地球化学资料，学者们提出了两种不同的盐边群构造环境模式。第一种模式认为，盐边群火山岩代表了新元古代扬子地块西缘向东俯冲带上方形成的典型弧形组合(Sun W H et al., 2009; Zhou M F et al., 2006)；而第二种模式认为，该地区的镁铁质-超镁铁质岩是 920～900Ma 和 820～800Ma 两期岩浆作用的产物，最有可能分别对应于两期岩浆活动的拼合和裂解(分别为 920～900Ma 和 820～800Ma)，这很可能分别对应于罗迪尼亚超大陆的拼合和分裂(Li X H et al., 2006)。

位于扬子地块西北缘的甘肃南部碧口群在地层上与盐边群相似，由基性至中性熔岩和火山碎屑浊积岩组成(Sun W et al., 2008b)。在一些国内文献中，碧口群浊积层序也被称为横丹群，它被认为是在以角闪岩相鱼洞子岩群为代表的新太古代基底上发育的(Yan et al., 2004)。浊积岩层序中最年轻的碎屑锆石具有 805～770Ma 的谐和年龄，这被认为是层序的最大沉积年龄(Sun W et al., 2008)，而碧口群火山岩的锆石 U-Pb 年龄分布范围为 846～776Ma，集中在 821～811Ma(Yan et al., 2004; Wang X C et al., 2008)。与碧口群伴生的是由辉长岩、闪长岩、变形花岗片麻岩和未变形块状花岗岩组成的深成杂岩，它们侵入碧口群或与碧口群有断层接触。Xiao 等(2007)对平头山闪长岩、官口崖闪长岩和柳基坪辉长岩进行了锆石 U-Pb 定年(LA-ICP-MS)，得出的年龄分别为(884±5.5) Ma、(884±14) Ma 和(877±13) Ma。Pei 等(2009)对变形花岗片麻岩和未变形块状花岗岩进行研究，得出锆石 U-Pb 年龄(SHRIMP)均为(792±11) Ma。综合这些资料，认为碧口群的发育可能始于新元古代早期，并持续了较长时间(880～770Ma)。与盐边群及其伴生的深成杂岩一样，碧口群及其伴生的深成杂岩的构造环境也存在争议。一种模型主张在大陆边缘弧上发展(Xiao L et al.，2007；Pei et al.，2009)，而另一种模型则认为它是在陆内裂谷环境中形成的，其形成可能与导致罗迪尼亚裂解的地幔热柱事件有关(Wang X C et al.，2008；Xia et al.，2012)。

沿攀西-汉南带西段出露的是一批新元古代深成杂岩：雪龙堡杂岩、康定杂岩、米易杂岩和元谋杂岩。这些深成杂岩包括碰撞造山前的花岗片麻岩、混合花岗岩和后碰撞的块状花岗岩(Zhou M F et al.，2002a)。在局部地区，这些杂岩中的花岗片麻岩和混合花岗岩包裹着少量的表壳岩石，如角闪岩、云母片岩、大理岩和石英岩等，与它们的寄主片麻岩一起，以前被认为是扬子地块的太古宙基底，它们在四川省被称为“康定群”或“康定片麻岩”。新的 SHRIMP 锆石 U-Pb 数据表明，深成杂岩是在 860～750Ma 侵位/喷发的(Zhou M F et al.，2002a，2006；Geng et al.，2007；Zhao X F et al.，2008)。在地球化学上，这些深成杂岩表现出岩浆弧特征。Zhou 等(2002a，2002b，2006a)根据这些特征提出扬子地块西缘代表至少持续 860～800Ma 的大陆边缘弧。然而，Li X H 等(1999，2002)将这些新元古代深成岩套解释为陆内裂谷环境下非造山岩浆作用的结果与导致罗迪尼亚分裂的超级地幔柱的喷发有关。

对构造环境的不同解释也围绕着位于攀西-汉南带北段的一个大型中元古代晚期至新元古代大型杂岩带——汉南杂岩。该杂岩由米仓山地区火地垭群、西乡地区西乡群，以及大量的新元古代镁铁质-花岗岩侵入岩套组成(Ling et al.，2003；Dong et al.，2012)，该岩套被认为是在古元古代基底的基础上发育而成的(Wu M L et al.，2012)。火地垭群的组成有：麻窝子组以大理岩为主；上两组以大理石板岩为主；铁船山组以夹层碎屑岩的火山熔岩为主(Dong et al.，2012)。尽管火地垭群长期以来被认为是中元古代晚期或中新元古代沉积-火山岩单元(Lu，1989；Ling et al.，2003；Dong et al.，2012；Xia et al.，2012)，除 Ling 等(2003)在铁船山组获得了流纹岩锆石 U-Pb 年龄为(817±5)Ma 外，该群没有可靠的锆石 U-Pb 年龄。早新元古代西乡群是一个变质火山沉积序列，可分为下部单元和上部单元，下部单元由绿片岩相变质的海底低钾拉斑玄武岩、玄武质安山岩和互层变质沉积岩组成，上部单元以玄武安山岩(钙碱性至碱性)、英安岩和流纹岩为主(Zhao and Cawood，2012)。英安岩和流纹岩的单颗粒锆石 U-Pb TIMS 定年结果表明，西乡群下部单元和上部单元的喷发时间分别为(950±4)Ma 和(895±3)Ma(Ling et al.，2003)。火地垭群和西乡群均受到大量超镁铁质-长英质侵入杂岩的侵位。这些侵入杂岩被统称为汉南侵入杂岩，由辉石岩、辉长岩(望江山和毕机沟辉长岩)、英云闪长岩、奥长花岗岩、奥长花岗岩和花岗岩组成(Ling et al.，2003)。LA-ICP-MS 锆石 U-Pb 数据表明，这些岩体的侵位持续了从 870Ma 至 700Ma 的较长时间(Dong et al.，2012)。基于岩浆弧的地球化学特征，Dong 等(2012)提出西乡群及其伴生的超镁铁质-长英质深成岩体代表了扬子地块北缘的一条长时间的(870～700Ma)

大陆边缘弧，认为支持这一解释的有力证据是与岛弧有关的岩浆活动从南部米仓山(约 870～820Ma)，经中部回军坝(约 840～820Ma)，向北汉南(825～706Ma)的递进迁移，支持扬子地块西北缘的增生构造模式。而 Ling 等(2003)则认为汉南杂岩主要岛弧岩浆活动发生在 950～900Ma，900～820Ma 经历了由挤压向伸展的构造转换和约 820Ma 后与地幔柱有关的火山活动。

2.2 区 域 地 层

本书研究区位于扬子西缘，该区域西以箐河断裂与松潘-甘孜褶皱带相连，东以小江断裂与四川盆地相隔，北起四川康定，南至云南元谋，在这些区域，广泛出露中-新元古代地层和岩浆岩(图 2-1)。本书采样区位于扬子西缘攀枝花光头山、同德、营盘山、大庄、民政乡、长坪一带。该采样区内地层复杂，岩浆构造活动频繁，经历了多期次、多旋回的构造运动。区内岩石主要有新元古代的辉长岩、闪长岩，寒武纪的白云岩，以及二叠系峨眉山玄武岩、三叠系砂岩、第四纪泥页岩等(耿元生等，2008；任光明等，2014)。

区内地层主要有：前震旦系的会理群(Pt_2H)、盐边群(Pt_2Y)、红格群回龙组($ArPt_1H$)，震旦系的观音崖组(Z_2g)、苏雄组(Z_1s)，寒武系的娄山关组($Є_{2\text{-}3}ls$)、龙王庙组($Є_1l$)、麦地坪组($Є_1m$)；奥陶系的巧家组(O_2q)，志留系的龙马溪组(S_1l)，泥盆系的干沟组(D_3g)，石炭系的黄龙组(C_2hl)，二叠系的峨眉山玄武岩组(P_2e)、二滩组(P_2et)，侏罗系的牛滚凼组(J_3n)，新近系的昔格达组(N_2x)。

2.2.1 前震旦系

扬子克拉通基底在川内主要由两部分构成，分别为结晶基底和褶皱基底。结晶基底为康定群(新太古代—古元古代时期)。会理群、黄水河群、河口群、恰斯群、登相营群、通木梁群、盐井群、峨边群、盐边群、火地垭群等形成于中元古代时期，板溪群在新元古代时期形成，它们共同组成了褶皱基底(四川省地质矿产局，1991)。前震旦系地层常出现在会东、会理地区(康滇地轴上)。

在研究区，震旦纪地层主要出现在盐边群、会理群和苍山群等重要群组，出露范围广。

盐边群：主要在扬子地块西缘，厚度大于 6000m，岩相为低绿片岩相，弱变质程度。上部岩石为变质砂岩、碳质板岩、硅质板岩和杂砂岩夹白云岩，为变质火山沉积岩；下覆岩石主要为玄武岩、细碧岩和角斑岩(党永西，2018；刘家铎等，2007)。

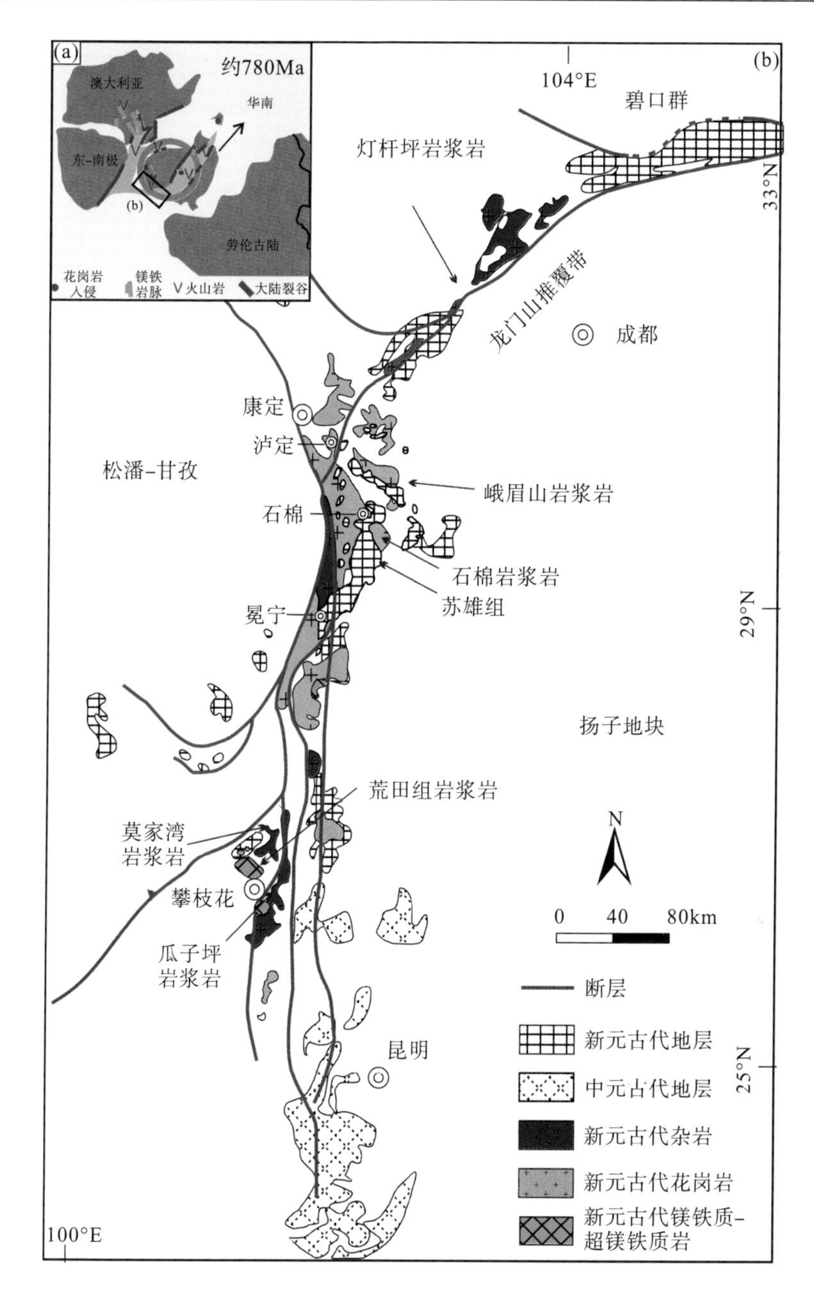

图 2-1　(a) 780Ma 华南板块位置示意图与 (b) 扬子西缘大地构造及采样位置图

（分别据 Li Z X et al.，2008 与 Zhao J H et al.，2018 修改）

会理群：岩层厚度超过 10000m，岩相为低绿片岩相，主要受区域动力变质作用的影响。岩体主要为变碳酸盐岩，以及零星的钠质变中基性火山岩、变碎屑岩和火山碎屑岩。其源岩为被建造作用改造的陆屑碳酸盐岩和细碧岩。在研究区下部的会理群与上部的河口群呈不整合接触(尹超，2015；刘家铎等，2007)。

苍山群：地层厚度超2000m，大理市的苍山到罗坪山一带广泛出露，出露面积约为800km^2，是一个深变质岩相带。岩石类型有片麻岩、片岩、变粒岩、角闪岩及大理岩等(云南省地质矿产局，1990)。

2.2.2 震旦系

研究区范围内广泛分布的下震旦统地层按照从老到新的顺序，分别是苏雄组、开建桥组、澄江组、铁船山组、列古六组以及南沱组。苏雄组地层的岩性分别是凝灰岩、英安岩及部分玄武岩。开建桥组地层的岩性主要为火山碎屑岩。澄江组地层出露的为砾岩、砂质页岩及长石石英砂岩，为河流沉积相成因，含多层酸性火山岩。铁船山组地层岩性为火山碎屑岩和酸性火山岩。列古六组地层的岩性主要由凝灰质砂岩、沉凝灰岩及火山角砾组成。南沱组地层主要为细砂岩、粉砂岩、粉砂质泥岩及冰碛砾岩。在该区域内上震旦统地层有观音崖组和灯影组。观音崖组地层岩性为砂岩、页岩；灯影组的地层岩性主要为白云岩(骆文娟，2013；四川省地质矿产局，1991；云南省地质矿产局，1990)。

2.2.3 古生界

古生界出露地层在研究区内保存较好，把康滇地轴当作中点位置，从康滇地轴向东西向延伸，地层由老变新，该现象在中点位置的东部展现明显(李宏博，2012)。

寒武系地层在研究区内的岩性为硅质岩，仅含少量的碎屑岩，但是发育程度在不同区域差别明显。在奥陶系地层中，滑石较多，从西到东碳酸盐岩分布增多，碎屑岩减少，奥陶系的地层发育程度高。泥盆系地层在东部及南东方向的扬子地块区域中，大部分为克拉通型构造。石炭系地层主要分布于南东部川滇褶冲带的中南部和扬子西缘的台缘褶冲带之中(云南省地质矿产局，1990；骆文娟，2013)。

二叠系地层在甘孜州稻城以及九龙区域较发育，其余地方也有少量分布(如盐源-丽江台缘褶冲带、川滇台褶带以及康滇地轴等地区)。下二叠统被划分成栖霞组以及茅口组(云南省地质矿产局，1990)。上二叠统出现露头的地层组成分别是峨眉山玄武岩组及宣威组(四川省地质矿产局，1991；骆文娟，2013)。

2.2.4 中生界

三叠系：在扬子地块的东南部(云南弥勒、开远、华宁、石屏等地)、台缘褶冲带、康滇地轴的中部以及松潘-甘孜造山带的西部都有出露，主要为碎屑岩、泥灰岩及白云岩等(云南省地质矿产局，1990；四川省地质矿产局，1991)。

侏罗系：四川境内的岩性为河湖碎屑岩、泥质岩；云南境内是以海相、陆相及过渡性沉积为主(四川省地质矿产局，1991；云南省地质矿产局，1990)。

白垩系：主要为陆相红色碎屑岩和少量海相有孔虫生物相，在云南境内的兰坪-思茅以及滇中两大盆地内广泛分布，四川境内的西昌与雅安-成都等地区内广泛分布(云南省地质矿产局，1990；四川省地质矿产局，1991)。

2.2.5 新生界

古近-新近系地层在研究区从下到上分别为：古新统-始新统、始新统-渐新统、中新统-上新统。其构成为陆相断陷盆地沉积以及山间盆地。第四系地层虽在研究区广泛发育，但是却很分散。更新统常见一些夷平面，以及冲积砾石、洞穴堆积和黄土堆积现象。全新统主要为河流和湖泊沉积相(云南省地质矿产局，1990；四川省地质矿产局，1991)。

2.3 区 域 构 造

全区构造复杂，区内褶皱发育，喜马拉雅期东西向挤压使基底和盖层均发生褶皱，形成大规模的近南北向和北北东向背斜与向斜构造，受基底和沉积盖层及晚二叠世岩浆岩带力学性质差异的影响，大型向斜构造主要发育在晚二叠世火山岩和中生代断陷盆地中，主要有龙舟山向斜、红坭向斜和宝顶向斜等，背斜构造则保存较差，多被断裂构造破坏。由于受反扭作用的影响，褶皱多向南倾伏。区域内断层发育，多呈北东、北北东、南东走向。

近南北向的主干断裂将研究区切割成若干长条形断块，沿主干断裂发生的反扭性走滑运动，在前方阻力的作用下，产生了较多规模不等，且不跨越南北向主干边界断裂的近东西向褶皱和倾向北的高角度逆冲断层。

2.4 区域岩浆岩

研究区位于扬子地块西缘，岩浆活动频繁，以玄武岩、辉长岩、辉绿岩、橄榄岩、花岗岩和碱性岩为主。在该区域内存在两个岩浆活跃期，分别为元古宙和二叠纪-三叠纪，其岩浆岩的特征如下。

元古宙：古元古代的岩浆岩主要集中在龙门山、米仓山、攀西以及川中的隐伏区。康定群的上部及下部均为火山岩，其下部为基性，而上部基性和中酸性均有产出。岩性以英云闪长岩和石英闪长岩为主，基性-超基性岩和花岗岩发育较少。这表明在地壳发育的早期阶段，岩浆活动较为活跃，原始陆核正在逐渐形成。中元古代岩浆岩主要集中在龙门山、攀西地区，最后范围扩大至金沙江的东岸，其岩性以花岗岩为主，闪长岩和基性-超基性岩次之，碱性岩和碳酸盐岩含量最少。基性火山岩组合主要发育在巴塘-中咱、盐边-碧口一带，安山岩组合发育在恰斯-若尔盖、龙门山-攀西一带，这种分布特征表明陆壳发育向成熟阶段的转变。在新元古代时期的侵入岩主要为花岗岩，这表明地壳演化达到成熟阶段(四川省地质矿产局，1991)。

二叠纪-三叠纪：为第二个岩浆活跃期，其岩浆活动又是一个新的发展高潮。其岩浆类型主要为基性-超基性岩和闪长岩，花岗岩较少；但在三叠纪时期，岩浆活动主要发育大量的花岗岩。相反，基性-超基性岩、闪长岩和碱性岩含量少(四川省地质矿产局，1991)。

2.5 区域矿产

扬子西缘曾在中元古代、新元古代和三叠纪经历了广泛的大地构造运动和岩浆活动，因此，区域内有着丰富的矿产资源。扬子西缘在早中元古代时期，地壳和地幔频繁的相互作用，时有发生剧烈的火山事件和岩浆活动，导致这个时期内扬子西缘形成了大量的内生矿床和火山-沉积型矿床，富集了 Fe、Sn、Cu、W 等矿产资源；扬子西缘在新元古代-早古生代，经历稳定的克拉通化，维持着微弱的地壳运动，导致岩浆活动在这个时期内相对罕见，因此，此时的矿床以沉积型为主，形成了大量如煤矿、铝土矿的矿产资源；扬子西缘在中新生代后岩浆作用更加频繁，并伴随着凹陷沉降作用，此时矿产以 Cu、Fe 矿和煤矿为主，这些矿产相较于之前，品位较高且主要形成于沉积盆地的边缘(云南省地质矿产局，1990)。

研究区内地质调查和矿业活动历史均较久远。清嘉庆至道光年间(1796～1850年)，在马鹿塘、灰家所一带已有本地村民凿井采煤，主要包含攀枝花和红格钒钛磁铁矿、宝顶煤矿、红坭煤矿、把关河石灰石矿、白云石矿、二滩耐火黏土矿、新庄大理岩矿、新生石墨矿及铌钽矿、铜镍矿、花岗石矿、宝玉石矿、石膏矿、重晶石矿、有色金属矿等大、中型矿床 30 余个，矿点、矿化点近百处。其中，资源较丰富的当数闻名世界的攀枝花钒钛磁铁矿以及宝顶煤矿，攀枝花钒钛磁铁矿的储量已经达到了世界级的规模，而宝顶煤矿的探明储量也有 7 亿 t(四川省地质矿产局，1991)。

2.6 采样区区域地质特征

2.6.1 灯杆坪花岗岩体

灯杆坪花岗岩体位于四川省崇州市，大地构造位置位于扬子地块西缘与青藏-滇西褶皱区接触带附近，处于龙门山逆冲推覆断裂构造带的中-南段，研究区的花岗岩发育在映秀-北川断裂及其次级断裂中。印支期间的造山运动是中国西部褶皱带形成的主要动力，地层的深埋与覆盖在扬子地块西缘表现尤为强烈，局部伴随着中生代与新生代岩浆沿断裂侵入的现象。西高东低的地形发生强烈的侵蚀作用，导致在扬子地块西缘的汶川-康定-西昌-攀枝花一带零星分布着诸多新元古代花岗岩岩浆岩，它们侵入到中元古代地层中，并被震旦系以及古生界地层不整合覆盖(贺节明，1988)。其中，在扬子地块西缘区域内发育有茂县-汶川地区的彭灌杂岩和雪隆包杂岩、康定地区的康定杂岩及宝兴地区的宝兴杂岩等。

灯杆坪花岗岩体采样区域内不连续出露元古宙-中生代地层。其中，元古界包括新元古代花岗岩($Pt_3\gamma_2^2$)、黄水河群($PtHN$)和震旦系灯影组(Z_2d)；古生代包括志留系茂县群(SMX)、中泥盆统养马坝组(D_2y)与观雾山组(D_2g)、上泥盆统茅坝组(D_3m)、下二叠统栖霞组(P_1q)、中二叠统茅口组(P_2m)、上二叠统长兴组(P_3c)；中生代包括下三叠统飞仙关组(T_1f)和上三叠统须家河组(T_3x)。

区域内由于受龙门山推覆构造带的影响，采样区内的断层和褶皱均以NE-SW向为主，同时局部伴有小规模褶皱、断裂和飞来峰构造。研究区内的断裂有万担坪断层(F_1)、芍药沟断层(F_2)、红水-灯杆坪断层(F_3)、五码槽-黑氹断层(F_4)、大坪沟-小坪沟断层(F_5)、鸡棚子断层(F_6)。其中芍药沟断层(F_2)、红水-灯杆坪断层(F_3)与五码槽-黑氹断层(F_4)倾向NW，走向NE40°～50°，倾角大多为45°～55°，部分地区偏陡或偏缓；万担坪断层(F_1)倾向 SE，走向 30°～40°，倾角变化较大(40°～70°)；而大坪沟-小坪沟断层(F_5)与鸡棚子断层(F_6)倾向NNW，走向曲折，倾角约40°。这些断层在区域上均属于茂汶断裂的次级断裂。

研究区中部的大坪沟-烂水氹-白石沟沿线发育一大规模背斜，穿过整个研究区，呈NE-SW向延伸；核部为上三叠统飞仙关组，宽约500m，长约9750m，平面上呈不规则的长椭圆形，长宽比约为5∶1，近线形背斜。两翼由中、上石炭统及二叠系地层组成，两翼产状是：西北翼是NW315°∠36°～40°，东南翼是SE135°∠32°～40°；可见西北翼与东南翼倾角基本一致，轴面略向西北倾，倾角约为85°，转折端比较圆滑，翼间角约为80°，为开阔褶皱。枢纽向NE、SW两端倾伏，中部隆起，该褶皱局部挤压破碎剧烈，发育多种弯曲变形的小褶皱(图2-2)，由推覆运动发生时地层受到强烈挤压所致。

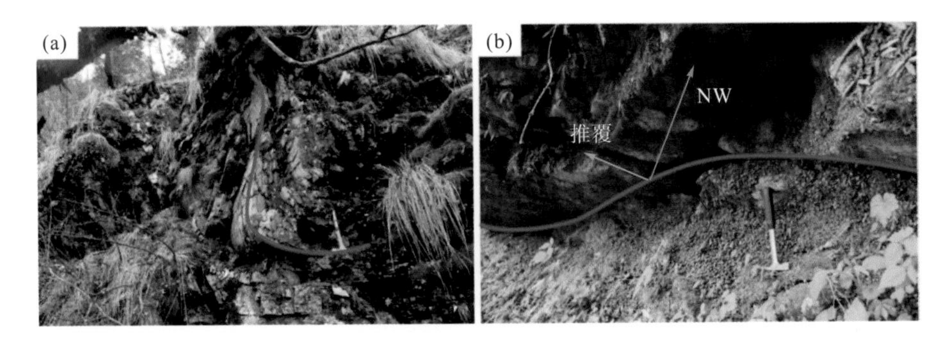

图 2-2 (a)灯杆坪地区褶皱构造；(b)断层构造

研究区出露的岩浆岩仅有花岗岩，位于研究区的中西侧，长轴呈 NE-SW 方向。SE 侧覆盖于上三叠统须家河组砂岩之上，且下部与元古宙黄水河群火山岩呈侵入接触关系；NW 侧被中泥盆统观雾山组灰岩与白云岩覆盖，在 SW 侧出露较少的震旦系白云岩覆盖其上。野外地质调查结果显示，灯杆坪花岗岩体共出露三种类型的花岗岩，分别为黑云母正长花岗岩、黑云母二长花岗岩和正长花岗岩。

黑云母正长花岗岩和黑云母二长花岗岩出露灯杆坪花岗岩体北-北西侧，构成了灯杆坪花岗岩体的主体。其中灰白色的黑云母二长花岗岩占主要部分，局部因碱性长石偏多呈现粉红色而定名为黑云母正长花岗岩，二者的形成时间均约为 750～740Ma；正长花岗岩出露于灯杆坪岩体的南侧边缘，出露面积小于前两者，野外呈暗红-红色块状，形成时间偏早，大约为 819～800Ma。

2.6.2 峨眉山花岗岩体

采样区位于四川盆地西南缘，采样点位为北纬 29°7′～29°42′，东经 103°11′～103°30′(图 2-3)，位于我国上扬子板块中的峨眉-瓦山断块带。在约 850Ma 的新元古代，峨眉山地区浸于海平面以下，发育有大量的海相地层，之后的晋宁运动使峨眉山抬升，并使大量的花岗质岩浆岩侵入峨眉山地区，形成峨眉山的基底岩系。

峨眉山区域内有较为复杂的构造背景，峨眉山大背斜和峨眉山大断层在该地区属于一级构造。次级构造褶皱有桂花场向斜和牛背山背斜等。断层有观心坡断层、牛背山断层以及报国寺断层等。采样区内主要的构造为峨眉山背斜，位于张沟(采样区)-洪椿坪一带，轴向为 SN，大约延伸了 7km，北端由于观心庵及万年寺断层在峨眉山背斜北部出现斜切，阻断了峨眉山背斜北延；南端由于出现峨眉山断层所发生的斜切现象，因而阻断了峨眉山背斜南延。

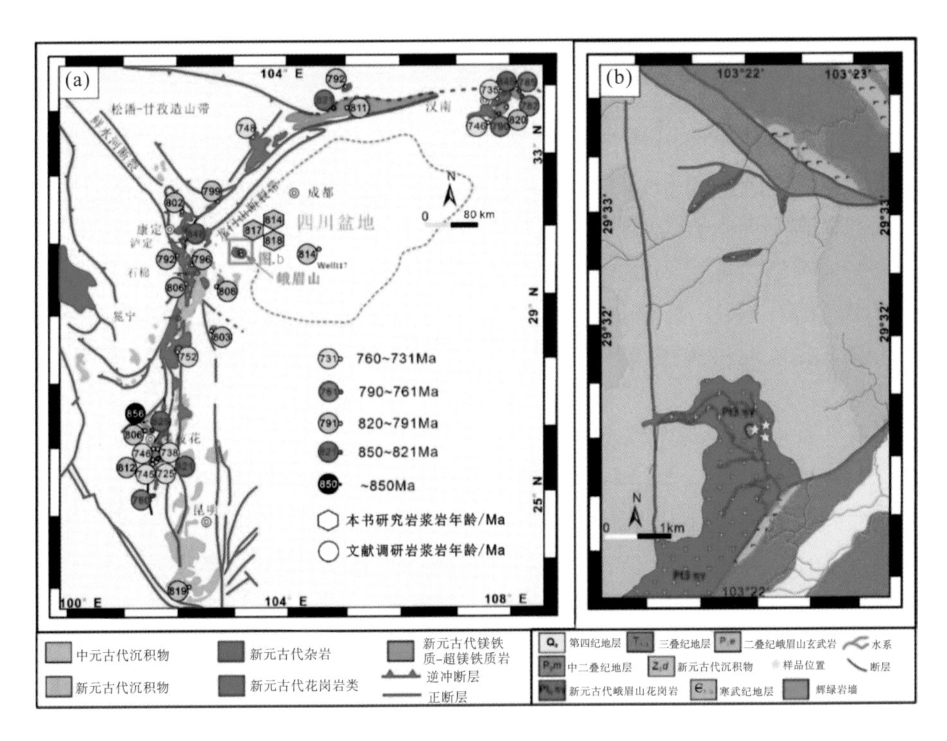

图 2-3　(a) 扬子地块西缘区域地质图，显示了新元古代岩浆岩的分布情况；(b) 四川省中部峨眉山地区地质图

峨眉山花岗岩体为一巨大岩基，不整合于震旦系喇叭岗组之下。部分岩体因侵蚀作用出露于峨眉山背斜轴部石笋沟、洪椿坪、牛心寺、张沟等地，但整个岩基因剥蚀不深未见中心相。其中以张沟地区出露岩体面积最大，约 9km^2，其余各处均小于 1km^2。已出露的峨眉山花岗岩体可分为过渡相和边缘相。

过渡相岩石为灰白色、肉红色粗-细粒不等粒花岗结构，斑状、似斑状结构，奥长环斑结构，钾长石（以微纹长石、微斜微纹长石为主，微斜长石少）占 50%左右，酸性斜长石占 20%左右，有时可达 35%，石英占 25%～35%，白云母少，副矿物有锆石、磷灰石、磁铁矿、金红石、钛铁矿等，常见高岭土化、绿泥石化。斑晶占 5%～10%，个体在 0.5～5cm，以钾长石（纹长石）斑晶最多，少量更长石。风化后岩石疏松，斑晶更易于筛选，因此被视为钾长石矿床。

边缘相岩石呈细粒结构，但无斑晶。边缘相流动构造清晰，流面产状较平缓，倾向为 10°～30°。其中可见细粒花岗岩析离体，呈椭球状，长轴为 1～2m，与流动构造一致。从这些特征判断，此岩体应为剥蚀不深中心相未出露的花岗岩岩基。在岩体裂隙中，有闪长岩脉、辉绿岩脉、细晶岩脉贯入。闪长岩脉穿插花岗岩，又被细晶岩脉穿插。在岩体内还有正长岩、白岗岩、奥长斑岩（四川省地质矿产局，1991）。

2.6.3 苏雄组流纹岩体和石棉花岗岩体

苏雄组地层位于四川省石棉-冕宁一带，研究区位于扬子板块内，西北为甘孜理塘缝合带、义敦岛弧和松潘地块，东北为四川盆地，三江地区几组大的构造单元控制了苏雄组火山岩岩浆的喷发，研究区的主要构造形迹为南北向的深大断裂，主要的控制构造为安宁河断裂和越西河断裂。龙门山逆冲断裂带倾向 NW 并由 NW 向 SE 推覆，使松潘-甘孜褶皱带与扬子地块发生错断，将位于松潘-甘孜褶皱带内部的三叠系地层覆盖在扬子地块西缘的震旦纪-古生代的地层之上(四川省地质矿产局，1991)。

区内岩浆活动受构造活动影响比较强烈，岩浆活动期主要集中于早震旦世或更早，表现为以早震旦世的酸性火山喷发为主体，形成了苏雄组以流纹岩为主的一套酸性火山岩堆积，其次则是大面积分布的花岗岩类。平面上，岩体总体呈北西向收敛，南东向发散状展布，与围岩(震旦系地层)多呈侵入接触。不同区域内、不同时代的岩体规模、出露面积均存在一定差异。岩体产状为小型岩株、岩枝、岩墙等，其长轴方向与主干断裂构造线方向一致，说明岩体分布明显受断裂构造控制。

⑴火山岩：区内火山岩较发育，根据其时代、性质可区分出两类：①早震旦世苏雄组火山岩，主要分布于春尖坪-小堡一带，出露面积较大，由一套厚度达千米的以中酸性为主的陆相火山熔岩和火山碎屑岩系构成；②晚二叠世峨眉山玄武岩，零星分布于区域北东部二郎山地区及东部大火地一带，由基性陆相喷发碱性玄武岩系列及拉斑玄武岩系列构成。

⑵花岗岩类：分布于石棉大冲及汉源等地区，区域内属于石棉黄草山复式花岗岩体。该花岗岩侵入下震旦统苏雄组、开建桥组火山岩中，其上被上震旦统观音崖组超覆。根据岩石组构、与围岩接触关系及区域岩浆对比，判断该花岗岩体具多期次侵入特征。

除花生棚子单元、柳家沟单元及河南单元产花岗岩建筑板材外，区内花岗岩侵入体均尚未发现矿点或矿化点。单个花岗岩单元中岩石稀土元素 δEu 参数值均小于 0.40，最小值为 0.10，显示出区内花岗岩对 W、Sn、Nb、Ta 等多金属元素成矿有利。尤其在各岩石单元中 W、Sn、Cu、Pb、Nb、Ta 等成矿元素的丰度值较高，其数值高出地壳克拉克值数倍至数十倍，表明区内花岗岩具有丰富的成矿物质来源。

2.6.4 莫家湾和瓜子坪花岗岩体

莫家湾和瓜子坪采样区广泛发育以中酸性的喷出岩和侵入岩为主的新元古代

岩浆岩(图 2-4)。区内喷出岩仅见于中北部白坡山-铁窝子一带，沿攀枝花断裂，分布于震旦纪下部苏雄组的中上部，展布面积达 100km^2。喷出岩岩性以安山岩为主夹霏细岩，并发育部分英安质火山碎屑岩。其中安山岩常见灰至灰紫色斑状结构，斑晶主要由斜长石组成，含量为 10%～40%，基质致密，隐晶质或具玻晶交织结构。火山碎屑岩类型较多，变化复杂，有碎屑熔岩、正常火山碎屑岩、火山碎屑沉积岩，尤以后者最为发育。火山碎屑岩、集块岩呈灰绿、紫红等色，角砾状碎屑结构，角砾以中酸性熔岩碎屑为主，含量为 60%～70%。局部角砾粗大(粒度在 50mm 以上)过渡为集块岩。胶结物以火山灰为主，常含不定量晶屑和细粒岩屑或玻屑。

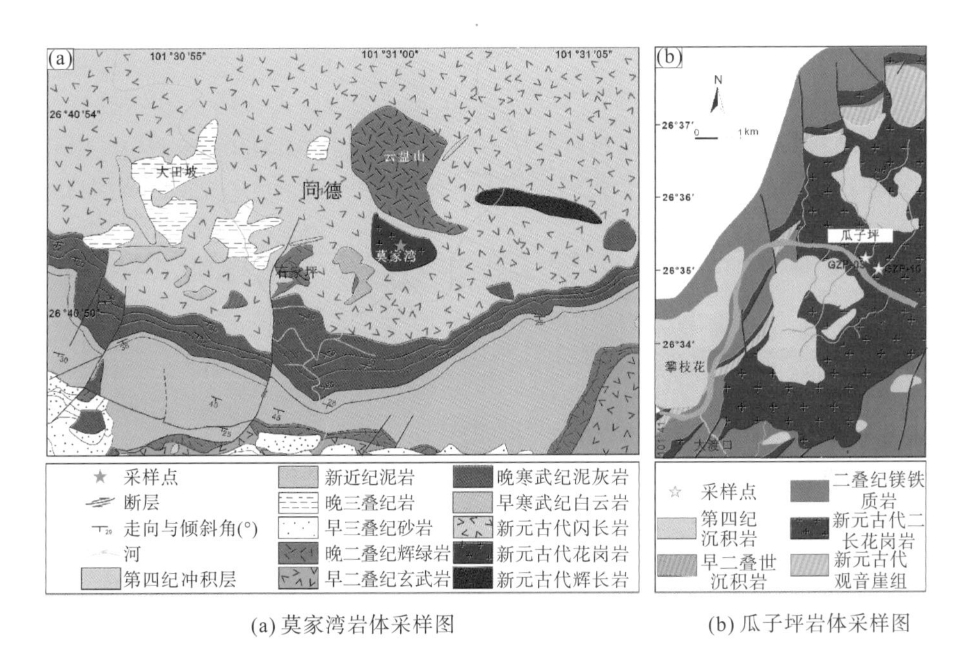

(a) 莫家湾岩体采样图　　(b) 瓜子坪岩体采样图

图 2-4　采样位置图

瓜子坪花岗岩出露于攀枝花市区东北一带，出露面积约为 30km^2，属于巨大的银江乡花岗岩体的东北边缘部分，以黑云母二长花岗岩为主。莫家湾花岗岩出露于同德地区东南一带，为灰白色中粗至中细粒二长花岗结构，局部具似斑状结构及片麻状构造，岩石组分由钾长石、钠长石、石英及白云母组成，斜长石以奥长石(An29)为主，但有序度较高，常有被钾长石蚕食交代和局部弱至中等钠长石化。

第3章　岩石学与岩相学特征

3.1　岩石学特征

3.1.1　灯杆坪花岗岩体

扬子地块西缘新元古代灯杆坪花岗岩体位于灯杆坪地区的中西侧，沿NE-SW方向分布，主要由黑云母二长花岗岩和钾长花岗岩组成(图3-1)，具体岩性如下。

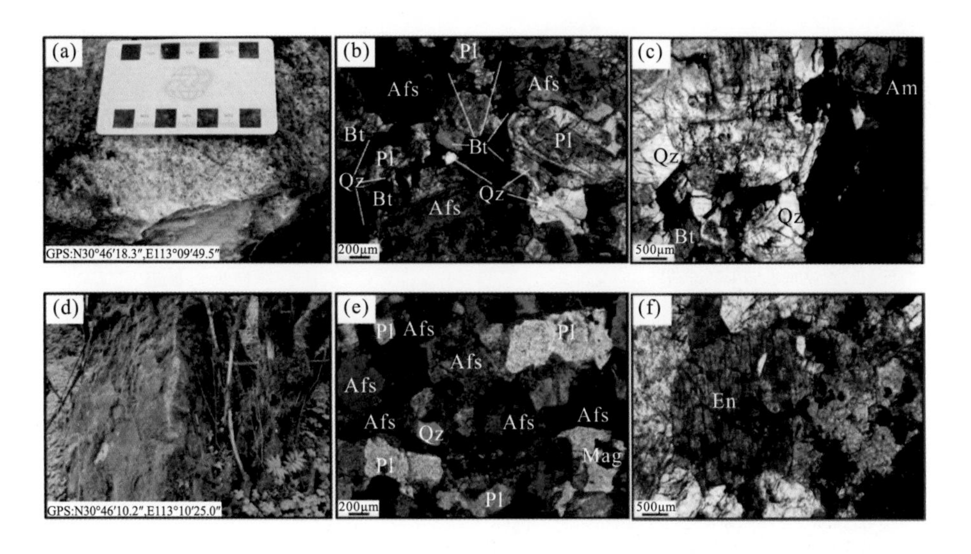

图3-1　灯杆坪花岗岩体野外及镜下特征

(a)，(b)，(c)为黑云母二长花岗岩；(d)，(e)，(f)为钾长花岗岩

(Qz. 石英；Bt. 黑云母；Pl. 斜长石；Hb. 角闪石；Afs. 钾长石；Mag. 菱镁矿；Px. 辉石；Ep. 绿帘石；Amp. 闪石)

1. 黑云母二长花岗岩

黑云母二长花岗岩在研究区北部发育。主体呈灰白色，块状构造。主要由斜长石、碱性长石、石英和黑云母组成，其中黑云母含量稍高于正长岩[图3-1(a)～(c)]。各组分具有如下特征：斜长石，灰白色，半自形粒状或短柱状(3～7mm)；

碱性长石，红色自形-半自形粒状(2～6mm)，属钾长石；石英，烟灰色半自形粒状，粒径大小不一；黑云母，黑色鳞片状。

2. 钾长花岗岩

钾长花岗岩主要分布在灯杆坪花岗岩体的南部，主体呈暗红-红色，块状构造，主要由碱性长石、斜长石、石英组成，未见黑云母[图 3-1(d)～(f)]。各组分具有如下特征：碱性长石，红色半自形粒状(3～5mm)，为钾长石，构成岩石主体；斜长石，灰白色半自形粒状或短柱状(1～3mm)，均匀分布但较少；石英，白灰色，半自形粒状(1～2mm)。

3.1.2 峨眉山花岗岩体

在研究区内，出露有 4 处扬子西缘新元古代峨眉山岩浆岩岩体。样品取自研究区南部出露最多的张沟岩体。该岩体主体为两种二长花岗岩，一种为灰白色二长花岗岩，另一种为肉红色二长花岗岩，其中肉红色花岗岩可见后期侵入辉绿岩的岩脉。采样的具体经纬度坐标如图 3-2 所示，具体岩性如下所述。

图 3-2 峨眉山地区张沟岩浆岩样品的野外照片和手标本照片

(Qz. 石英；Bt. 黑云母；Pl. 斜长石；Hb. 角闪石)

1. 灰白色二长花岗岩

如图 3-2(c)所示，灰白色二长花岗岩主要呈灰白色，块状构造，可见肉红色长英质脉。主要包含斜长石、碱性长石、石英，偶见少量黑云母和角闪石。各组分具有如下特征：斜长石，灰白色半自形板状(3～7mm)；碱性长石，红色自形-半自形粒状(2～6mm)，为钾长石；石英，烟灰色半自形粒状，粒径相差很大；黑云母，黑色鳞片状。

2. 肉红色二长花岗岩

如图 3-2(d)所示，肉红色二长花岗岩主体呈肉红色，块状构造。主要由碱性长石、斜长石、石英组成，黑云母含量低于灰白色二长花岗岩。各组分具有如下特征：碱性长石，红色自形至半自形粒状(3～6mm)，为钾长石，均匀分布，含量较斜长石稍高；斜长石，灰白色板状结构(2～5mm)；石英，烟灰色半自形粒状，粒径大小区别很大；黑云母，墨绿色鳞片状。

3.1.3 苏雄组流纹岩体

苏雄组流纹岩主体呈淡粉红色，块状构造(图 3-3)，主要由透长石、微斜长石和石英组成，其次还存在少量歪长石、绢云母化后的斜长石。各组分具有如下特征：透长石，红色、自形至半自形粒状(3～6mm)，均匀分布，可见钾钠分离的现象和卡式双晶；微斜长石，灰白色半自形粒状(2～5mm)；石英，白色半自形粒状，粒径大小不同。基质主体是长英质，可见脱玻化现象，霏细结构，有石英岩脉穿插。

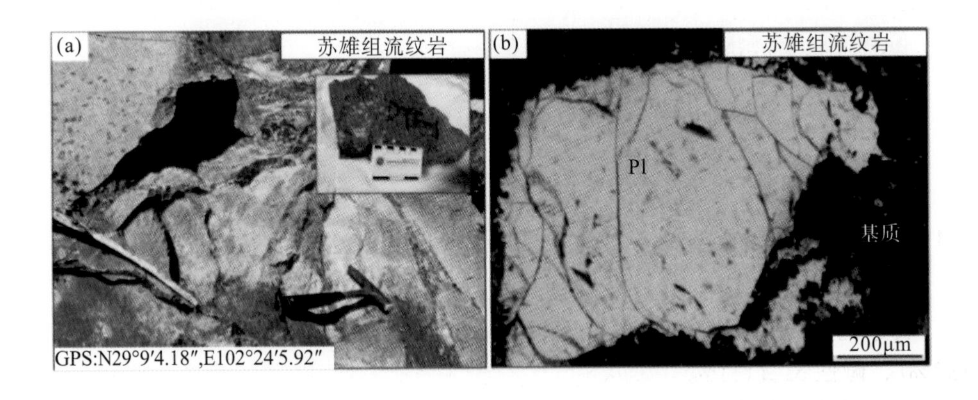

图 3-3　苏雄组流纹岩体野外及镜下特征

(Qz. 石英；Pl. 斜长石；Afs. 钾长石)

3.1.4　石棉花岗岩体

如图 3-4(a)所示，石棉花岗岩整体呈灰白色，块状构造。主要由斜长石、微斜长石、石英组成。各组分具有如下特征：斜长石，灰白色自形-半自形粒状结构(3～6mm)，均匀分布；微斜长石，灰白色粒状或半自形粒状(2～5mm)；石英，半透明白色半自形粒状，粒径大小不同。基质主体是长英质。

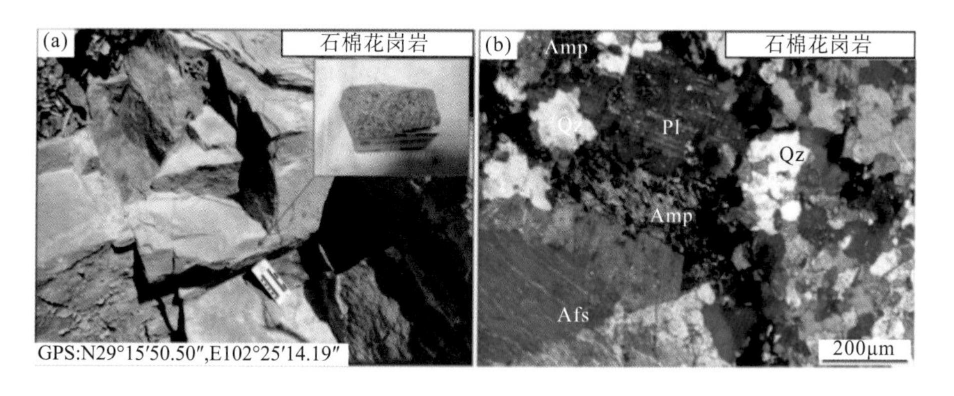

图 3-4　石棉花岗岩体野外及镜下特征

(Qz. 石英；Afs. 钾长石；Pl. 斜长石；Amp. 闪石)

3.1.5　莫家湾花岗岩体

莫家湾花岗岩主体呈灰白色，块状斑杂构造，似斑状结构。主要由斜长石(33%)、碱性长石(31%)、石英(29%)、白云母(5%)、黑云母组成，偶见少量的绿泥石、绿帘石和零星榍石(图 3-5)。

图 3-5 莫家湾花岗岩体野外和手标本照片

各组分具有如下特征：斜长石，灰白色半自形板状(2～6mm)，玻璃光泽；碱性长石，灰色自形-半自形粒状(3～7mm)；石英，乳白色半自形-他形粒状(0.3～1.2mm)，粒径相差较大，局部可达1～2mm；白云母，片状，粒径为0.1～0.3mm，宽 0.05～0.1mm，纵向解理面可见丝绢光泽，横断面粗糙；角闪石，蚀变成短柱状粒径很小的绿泥石和绿帘石；榍石，褐黄色，四边形自形晶。

3.1.6 瓜子坪花岗岩体

瓜子坪花岗岩主体呈灰白色，块状斑杂构造，似斑状结构。主要由斜长石(46%)、碱性长石(21%)、石英(24%)、角闪石(5%)组成，偶见少量的黑云母、零星榍石(图 3-6)。

各组分具有如下特征：斜长石，灰白色半自形板状(2～6mm)，玻璃光泽；碱性长石，灰色自形-半自形粒状(3～7mm)；石英，乳白色半自形-他形粒状(0.3～1.2mm)，粒径大小相差较大，局部可达1～2mm；角闪石，短柱状，其粒径为0.1～0.3mm，宽 0.05～0.1mm，横断面粗糙，纵向解理面可见玻璃光泽；几乎全部黑云母都蚀变成短柱状粒径很小的绿泥石和绿帘石；榍石，褐黄色，四边形自形晶。

图 3-6　瓜子坪花岗岩体野外和手标本照片

3.2　岩相学特征

在室内，通过岩石学观察与鉴定，详细观察了本书采集的扬子地块西缘新元古代岩浆岩岩体薄片，其详细镜下特征如下所述。

3.2.1　灯杆坪花岗岩体

1. 黑云母二长花岗岩

灯杆坪黑云母二长花岗岩具有浅白色块状构造，中-粗粒花岗结构，主要矿物包含斜长石(30%～40%)、钾长石(20%～30%)、石英(20%～30%)、黑云母(5%～10%)[图 3-1(a)～(c)]；副矿物包含锆石、磷灰石、磁铁矿、榍石、独居石、褐帘石、萤石等。各组分具有如下特征：钾长石，为微斜长石，可见格子双晶，通常和钠长石交生形成条纹长石；斜长石属钠-奥长石牌号(An10～An26)，具有绢云母化、钠黝帘石化。

2. 钾长花岗岩

钾长花岗岩呈红-赤红色花岗结构，主要矿物包含钾长石(40%～50%)、斜长石(10 %～25%)、石英(20%～25%)[图 3-1(e)～(f)]；副矿物包含磁铁矿、锆石、磷灰石、榍石(少量)、独居石、褐帘石、萤石等。局部可见长石和石英的文象结构，长石可见强烈的黏土化、绢云母化。

3.2.2 峨眉山花岗岩体

1. 灰白色二长花岗岩

灰白色二长花岗岩呈灰白色块状构造，中-粗粒花岗结构。主要矿物包含酸性斜长石(30%～40%)、钾长石(20%～30%)、石英(20%～30%)；次要矿物包含黑云母(5%～10%)、角闪石(少量)[图 3-7(c)、(d)]；副矿物包含锆石、磷灰石、磁铁矿、榍石等。各组分具有如下特征：斜长石，自形-半自形长板状(0.2～1.2mm)，常见卡-纳复合双晶；钾长石，常见格子双晶，常被钠长石交生形成条纹长石；石英，他形粒状(0.4～2mm)，具不规则边界；角闪石，深褐色自形柱状，属碱性角闪石，含量较低。

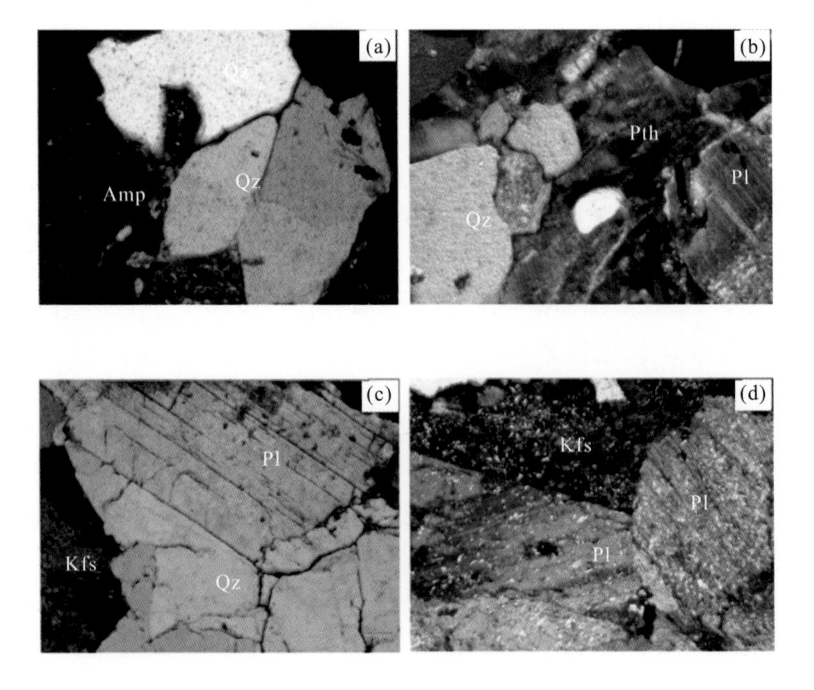

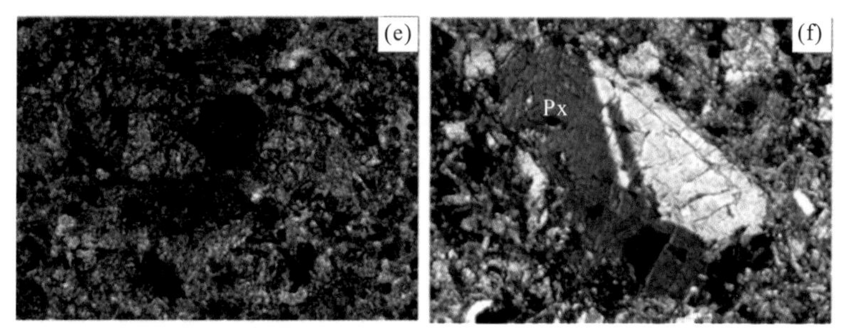

图 3-7　峨眉山地区张沟岩浆岩样品特征的镜下照片

(a)(b)为峨眉山灰白色二长花岗岩；(c)(d)为峨眉山肉红色二长花岗岩；(e)(f)为辉绿岩岩脉

(Px. 辉石；Pth. 条纹长石；Qz. 石英；Pl. 斜长石；Kfs. 钾长石；Amp. 闪石)

2. 肉红色二长花岗岩

肉红色二长花岗岩主体呈肉红色块状构造，中-粗粒花岗结构。主要矿物包含钾长石(30%～40%)、斜长石(15%～30%)、石英(20%～25%)，次要矿物包含黑云母(5%～10%)、少量角闪石[图 3-7(a)～(d)]；副矿物包含锆石、磷灰石、少量磁铁矿、榍石、独居石、褐帘石等。各组分具有如下特征：钾长石，自形-半自形板状(1～3mm)；角闪石，深褐色自形板状，属碱性角闪石，含量较低。

3.2.3　苏雄组流纹岩体

苏雄组流纹岩体中约有 5%～10%的斑晶，主要矿物成分为碱性长石、斜长石、石英。斑晶是碱性长石和石英，碱性长石呈半自形-他形(1～2mm)，部分可见较强烈的黏土蚀变，石英呈熔蚀港湾状。基质整体呈隐晶质或玻璃质，常见主要由隐晶质长英质物质脱玻化形成的球粒结构(图 3-3)，粒径主要为 0.5～1mm，部分呈现双层结构，核部为显晶质石英和长石，外部为放射状长英质的纤维物质。一些流纹岩中钾长石斑晶周边可见一圈石英矿物，具有相同成分和一致光性方位，呈珠点状散布在钾长石边部构成珠边结构，斜长石中杂乱分布蠕虫状的石英构成蠕虫结构。

3.2.4　石棉花岗岩体

石棉花岗岩体主要矿物成分为石英(约 35%)、斜长石(约 30%)、微斜长石(约 20%)、白云母(约 5%)、黑云母(约 8%)、绿帘泥石(约 2%)；副矿物为锆石、少量磁铁矿、榍石、褐帘石等。各组分具有如下特征：斜长石呈灰白色半自形板状(1～6mm)，常见聚片双晶，可见反应边结构；微斜长石为灰色，半自形-他形的粒状，粒径为3～7mm，偶见格子状双晶；石英颜色为乳白色，呈半自形-他形粒状，粒径大小相差较大，粒径为 0.2～1.3mm；白云母为短柱状结构，干涉色等级为二级黄蓝，粒径为0.1～0.3mm；黑云母，黄褐色、板片状，粒径大小为0.8～1.6mm，发育一组极完全解理，具较强多色性，干涉色因本色而不显，平行消光(图3-4)。

3.2.5 莫家湾花岗岩体

莫家湾花岗岩体发育黄褐色风化面、灰白色新鲜面，具有块状斑杂构造和似斑状结构。主要矿物成分为石英(约28%)、斜长石(约31%)、碱性长石(正长石)(约30%)、白云母(约5%)、黑云母(约3%)、绿泥石(约2%)；副矿物为锆石、磁铁矿、榍石、褐帘石。各组分具有如下特征：斜长石，灰白色半自形板状(2～6mm)，常见聚片双晶和格子状双晶且常具反应边结构；碱性长石呈灰色，属钾长石，半自形-他形粒状(3～7mm)；石英，乳白色半自形-他形粒状(0.3～1.2mm)，粒径大小相差较大；白云母，片状结构(0.1～0.3mm)，干涉色等级为二级黄蓝；黑云母，黄褐色、板片状，粒径大小为0.8～1.6mm，发育一组极完全解理，具较强多色性，干涉色因本色而不显，平行消光。样品中的所有角闪石均蚀变，主要蚀变为绿帘石，其次为绿泥石；磁铁矿物以他形粒状结构充填在矿物之间(图3-8)。

图3-8 莫家湾花岗岩体岩相学特征

(Kfs. 钾长石；Pl. 斜长石；Qz. 石英；Ms. 白云母；Ep. 绿帘石；Bt. 黑云母)

3.2.6　瓜子坪花岗岩体

瓜子坪花岗岩体可见黄褐色风化面和灰白色新鲜面，具有块状斑杂构造和似斑状结构。主要矿物为石英(约 25%)、斜长石(约 45%)、碱性长石(正长石)(约 20%)、角闪石(约 5%)、绿帘石(约 3%)、绿泥石(约 2%)；副矿物主要为锆石、磁铁矿、榍石、褐帘石(图 3-9)。

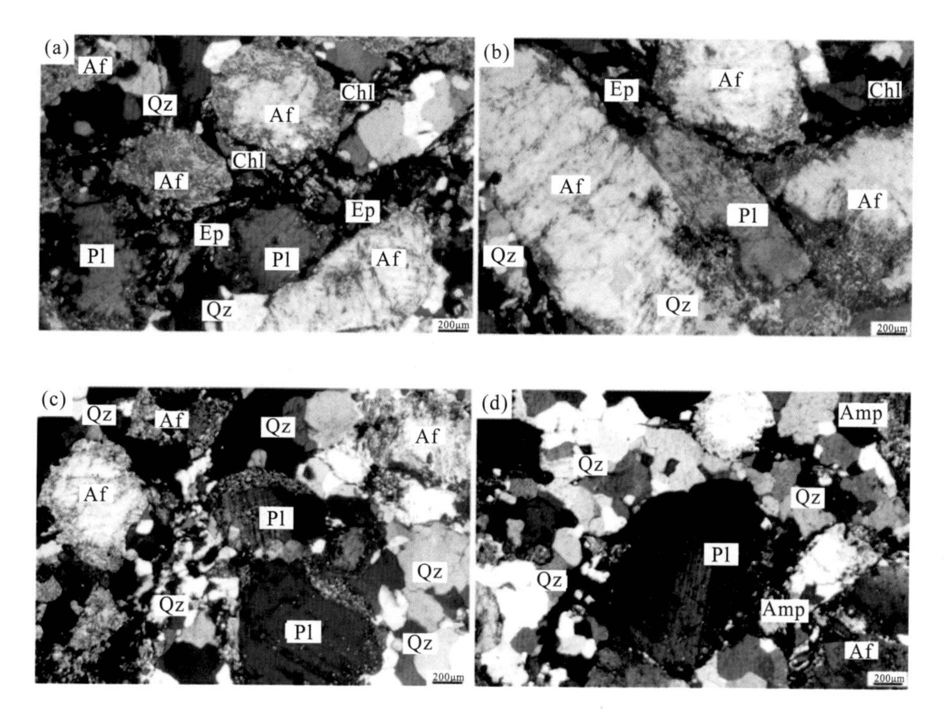

图 3-9　瓜子坪花岗岩体岩相学特征

(Af. 碱性长石；Pl. 斜长石；Qz. 石英；Amp. 闪石；Chl. 绿泥石；Ep. 绿帘石)

斜长石为灰白色半自形板状(2～6mm)，常见聚片双晶和格子状双晶且常具反应边结构；碱性长石为灰色半自形-他形粒状(3～7mm)，属正长石；石英呈白色半自形-他形粒状(0.3～1.2mm)，粒径大小相差较大；角闪石具短柱状结构，干涉色等级为二级黄橙，粒径为 0.1～0.3mm；样品中的绝大部分黑云母蚀变，主要蚀变为绿帘石，其次为绿泥石；磁铁矿物以他形粒状结构充填在矿物之间。

第4章 岩浆岩地球化学特征

本书共采集扬子地块西缘灯杆坪花岗岩体、峨眉山花岗岩体、苏雄组流纹岩体、石棉花岗岩体、莫家湾花岗岩体、瓜子坪花岗岩体样品共166块，本书对这些样品进行了全岩主量微量、稀土元素含量测试和同位素年代学分析。

4.1 锆石U-Pb同位素年代学特征

本书研究使用的SIMS锆石U-Pb数据是在中国科学院地质与地球物理研究所测得的，使用仪器为Cameca IMS-1280二次离子质谱仪，采用单接收系统以跳峰方式循环测量信号，详细分析流程见李献华等(2009)。采用强度约为10 nA、束斑大小约为20μm×30μm的O^{2-}一次离子束在−13kV电压下加速，对样品表面进行轰击(李献华等，2009)。每个样品点需要分析7组数据，平均测试时间在12min左右。U-Th-Pb同位素比值用标准锆石(Plésovice，337Ma；Sláma et al. 2008)校正，Th和U元素含量利用标准锆石91500进行校正(81×10^{-6}; Wiedenbeck et al.，1995)，以长期监测样品获得的标准偏差1SD=1.5%和单点测试内部精度共同计算样品单点误差(Li Q L et al.，2010)，普通Pb校正使用实测^{204}Pb含量(Li X H et al.，2009b)。单点分析的同位素比值及年龄误差均为1σ。下文将按照岩体的不同，分别对锆石U-Pb同位素年代学特征进行详细描述。

4.1.1 灯杆坪花岗岩体

通过对4块新鲜且没有发生蚀变的具有代表性的样品进行SIMS和LA-ICP-MS锆石U-Pb同位素年代学分析，准确限定灯杆坪花岗岩的结晶时代及其源区性质。样品分别为黑云母二长花岗岩(样品Y0407和样品Y0408)、钾长花岗岩(样品Y0412和样品Y0414)。

在样品Y0407中挑选了17颗锆石，并进行了U-Pb同位素分析[图4-1，图4-2(a)、图4-2(b)]，锆石呈无色透明，基本上为自形状晶体，形态多呈粒状，颗粒长度均在60～100μm。锆石内部震荡环带在阴极发光图中清晰可见，为岩浆锆石的典型内部结构。在锆石 $^{207}Pb/^{235}U-^{206}Pb/^{238}U$ 谐和图中[图 4-2(a)]，该样品 17 颗锆石的分析结果皆投影在谐和线附近，其中 $^{206}Pb/^{238}U$ 年龄为(743±4)Ma[MSWD=0.94，图 4-2(b)]，为该样品的结晶年龄。

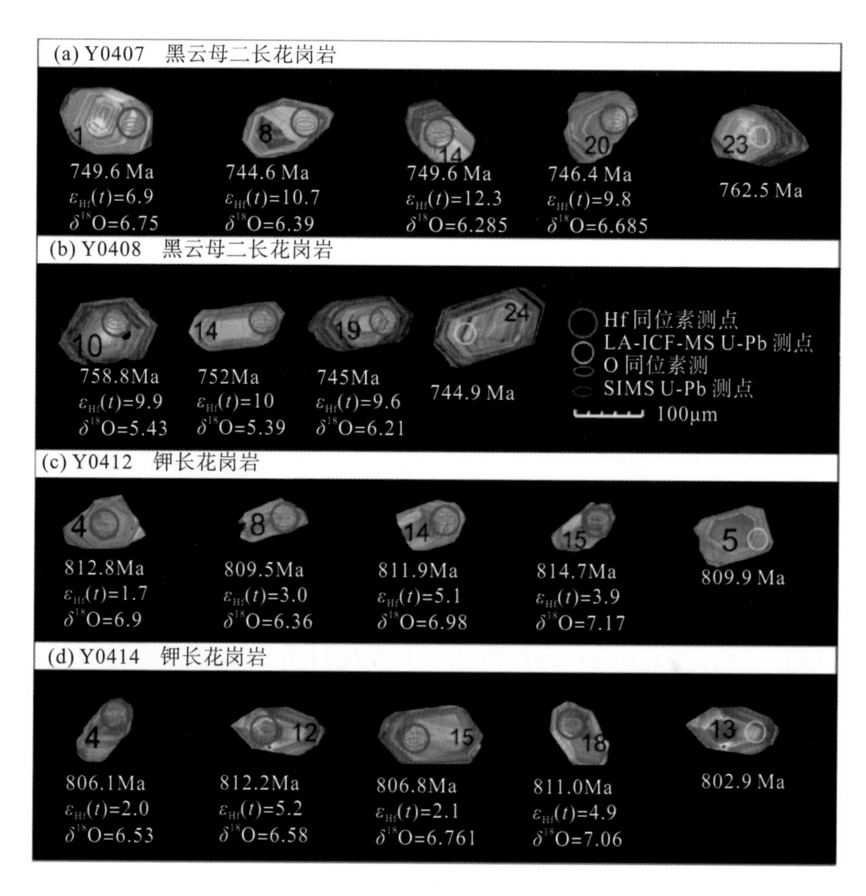

图 4-1　灯杆坪花岗岩体锆石阴极发光图像

(a)(b)为黑云母二长花岗岩；(c)(d)为钾长花岗岩

对黑云母二长花岗岩(样品 Y0408)的 12 颗锆石进行了 U-Pb 同位素的测定[图 4-1、图 4-2(c)、图 4-2(d)]，锆石主要呈无色透明，基本上为自形状晶体，形态多为粒状-短柱状等，颗粒长度为 60～120μm，在阴极发光图像中可见锆石内部具有清晰的震荡环带，为岩浆锆石典型内部结构。在锆石 $^{207}Pb/^{235}U-^{206}Pb/^{238}U$ 谐和图中，该样品锆石 12 个测试点的分析结果都投在谐和线上或周围[图 4-2(c)]，其中 $^{206}Pb/^{238}U$ 年龄为(742±5)Ma[MSWD=1.09，图 4-2(d)]，为黑云母二长花岗岩的结晶年龄。

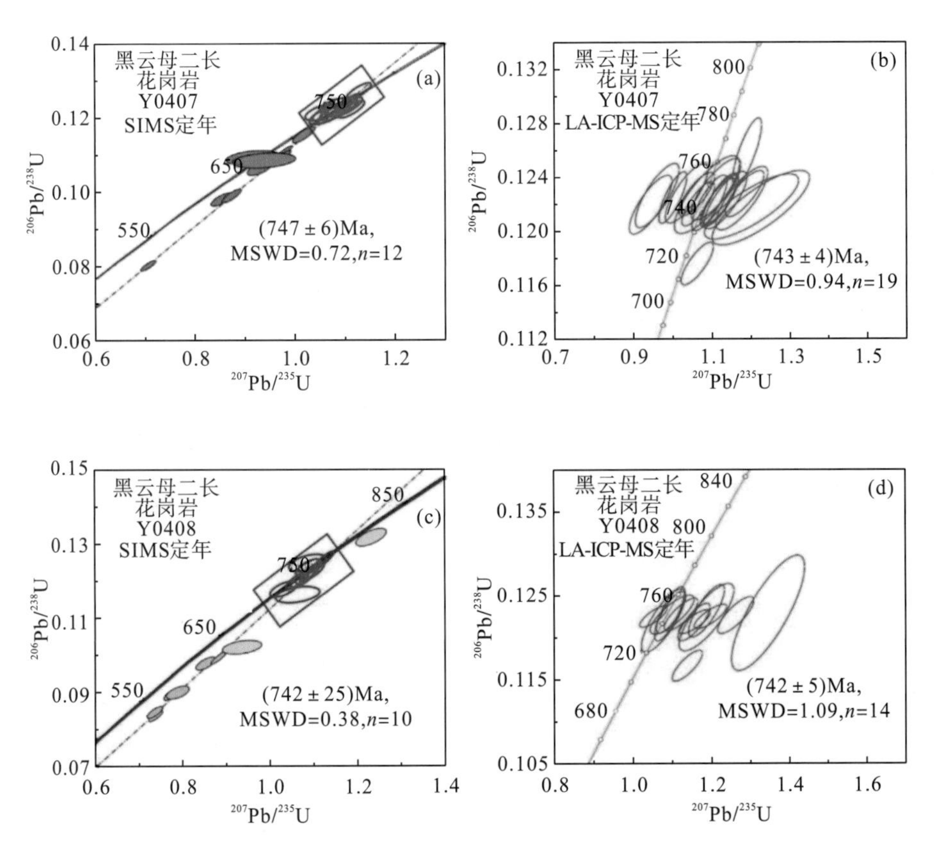

图 4-2 灯杆坪花岗岩体黑云母二长花岗岩 $^{207}Pb/^{235}U$-$^{206}Pb/^{238}U$ 谐和曲线图解(a)、(c)和加权平均年龄计算(b)、(d)

对钾长花岗岩(样品 Y0412)中挑选的 17 颗锆石及钾长花岗岩(样品 Y0414)中挑选的 15 颗锆石进行了 U-Pb 同位素分析(图 4-1(c)、图 4-1(d)、图 4-3)，锆石呈无色透明，为自形状晶体，形态多为粒状-短柱状不等，颗粒长度为 70～110μm，锆石内部震荡环带在阴极发光图中清晰可见，为岩浆锆石的典型内部结构。在样品 Y0412 中，16 个测试点的分析结果在锆石 $^{207}Pb/^{235}U$-$^{206}Pb/^{238}U$ 谐和图上均投影在谐和线上或谐和线附近[图 4-3(a)]，$^{206}Pb/^{238}U$ 年龄为(815±4)Ma[MSWD=0.26，图 4-3(b)]；在样品 Y0414 的锆石 $^{207}Pb/^{235}U$-$^{206}Pb/^{238}U$ 谐和图中[图 4-3(c)]，15 个测试点的分析结果都投影在谐和线上或周围，$^{206}Pb/^{238}U$ 年龄为(805±4)Ma[MSWD=0.10，图 4-3(d)]。我们将以上年龄代表钾长花岗岩的结晶年龄。

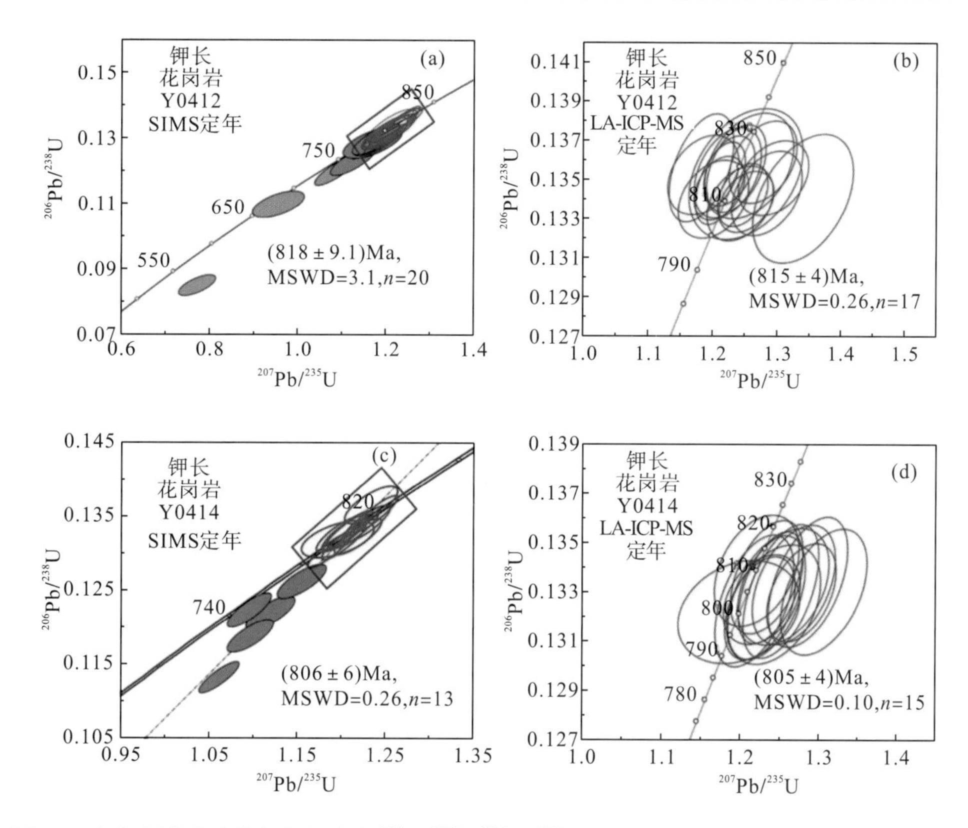

图 4-3　灯杆坪花岗岩体钾长花岗岩 $^{207}Pb/^{235}U$-$^{206}Pb/^{238}U$ 谐和曲线图解(a)、(c)和加权平均年龄计算(b)、(d)

4.1.2　峨眉山花岗岩体

本书研究利用 SIMS 锆石 U-Pb 同位素年代学分析来准确限定峨眉山张沟岩浆岩岩体的结晶时代及其源区性质，共挑选了两块具有代表性的样品，样品 ZG-9 和 ZG-16 新鲜且没有发生蚀变，岩性分别为灰白色二长花岗岩和肉红色二长花岗岩(图 4-4)。

Th、U 含量在两个样品中变化范围较大；Th/U(含量比)都大于 0.1(图 4-5)，属于典型的岩浆成因锆石(吴元保和郑永飞，2004)。如果锆石中 Th、U 元素含量比较高，说明锆石很有可能遭受后期岩浆流体的蚀变，从而发生变质作用，致使锆石发生 Pb 丢失现象。锆石 Pb 丢失会导致锆石的 $^{206}Pb/^{238}U$ 年龄分布不集中、比较分散，使锆石 U-Pb 年龄跟实际年龄差距较大(陈道公等，2001；万渝生等，2011)。因此，本书通过在年龄谐和曲线上拟合一条不一致线对其结果进行校正，而这条不一致线的上交点年龄为锆石的形成年龄(没有放射成因 Pb 丢失的年龄)，下交点年龄代表了后期叠加的地质事件的年龄(导致锆石丢失 Pb 或获得 Pb 的时间)，因此年龄的最大值代表相应岩石的形成年龄，年龄的最小值代表锆石重结晶作用发生的时间，即岩体遭受热事件的时间(Hoskin and Black，2000；Geisler et al.，2001)。

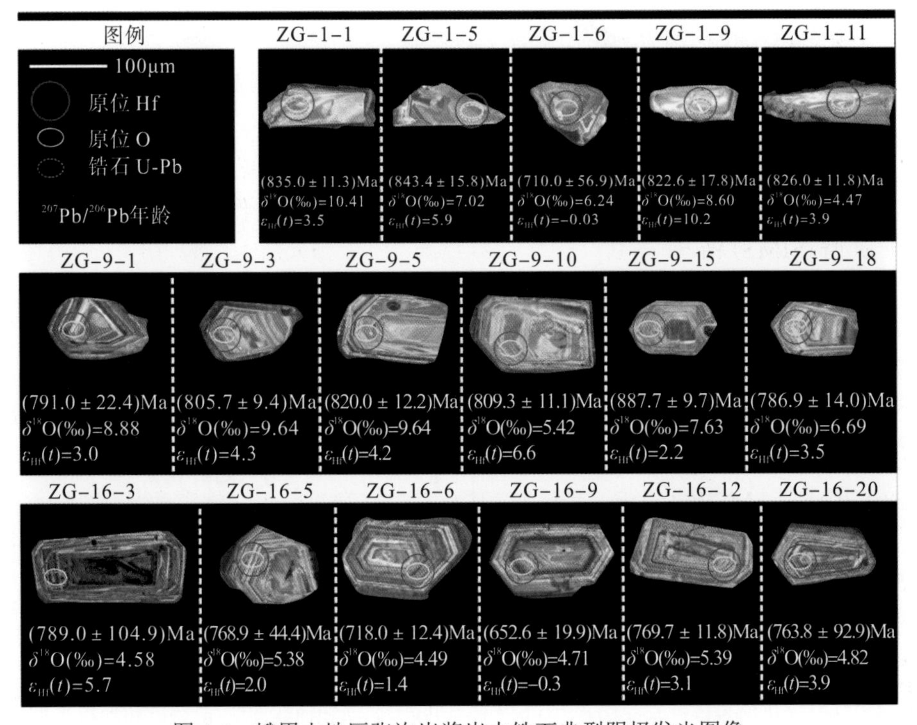

图 4-4 峨眉山地区张沟岩浆岩中锆石典型阴极发光图像

(ZG-1. 辉绿石；ZG-9. 峨眉山灰白色二长花岗岩；ZG-16. 峨眉山肉红色二长花岗岩)

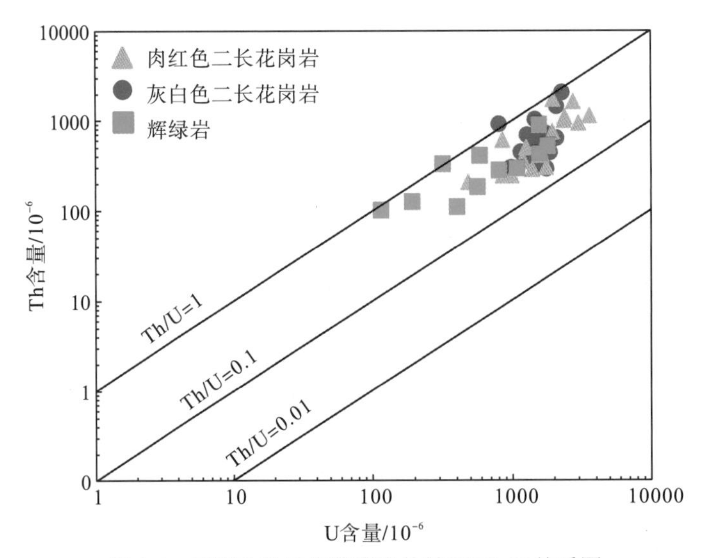

图 4-5 峨眉山地区岩浆岩岩体锆石 Th-U 关系图

1. 灰白色二长花岗岩

在灰白色二长花岗岩(样品 ZG-9)中挑选了 20 颗锆石并进行 U-Pb 同位素分析，锆石主要呈无色透明，多为半自形-自形晶体，颗粒长为 100～230μm，长宽比为 1～2.5(Hoskin and Schaltegger，2003)。锆石内部震荡环带在阴极发光图中清楚可见(图 4-4)，为岩浆锆石的典型内部结构，少量锆石颗粒可见薄的黑色变质增生边，和环带间存在明显的界线，这可能是由于后期变质作用的影响。通过二次离子质谱(SIMS)锆石 U-Pb 同位素分析，样品 ZG-9 中锆石颗粒 U 含量为 797×10^{-6}～2270×10^{-6}，Th 含量为 294×10^{-6}～2050×10^{-6}，Th/U(含量比)为 0.167～1.142。

通过对数据进行筛选，剔除锆石 ZG-9@2、ZG-9@8、ZG-9@13 之后，共有 17 组有效数据，在锆石 $^{207}Pb/^{235}U$-$^{206}Pb/^{238}U$ 谐和图中，该样品锆石的 17 个测试点的分析结果显示出高度不同的现象，通过拟合不一致线后，上交点 $^{206}Pb/^{238}U$ 年龄为(818±30)Ma，MSWD=9.4，代表了灰白色二长花岗岩的结晶年龄[图 4-6(a)]，同时 $^{207}Pb/^{206}Pb$ 加权平均年龄为(800±36)Ma，MSWD=0.066[图 4-6(b)]，二者在误差范围内一致，验证了数据的可靠性。

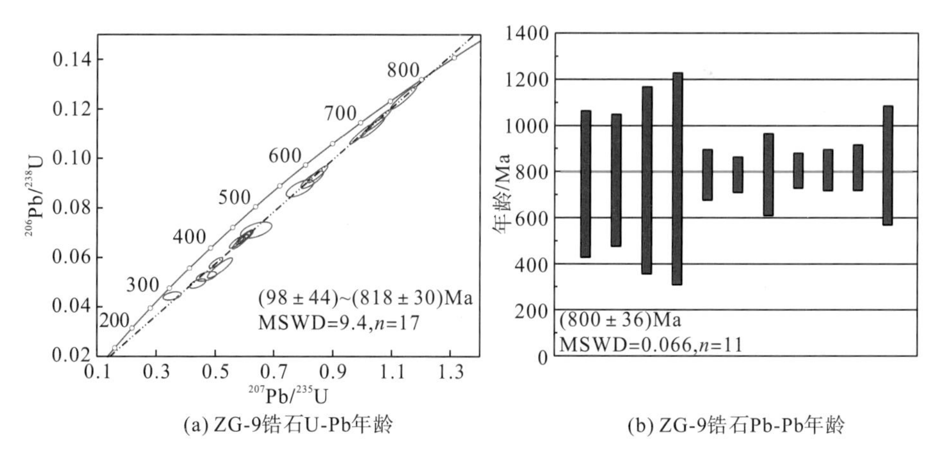

图 4-6　(a)峨眉山地区 ZG-9 灰白色二长花岗岩中 SIMS 锆石 U-Pb 年龄谐和图和(b)加权平均年龄

2. 肉红色二长花岗岩

在肉红色二长花岗岩(样品 ZG-16)中挑选了 20 颗锆石，对这 20 颗锆石进行 U-Pb 同位素分析，锆石主要呈无色透明，多为半自形-自形晶体，颗粒长为 100～

230μm，长宽比为1～2.5（Hoskin and Schaltegger，2003）。锆石内部震荡环带在阴极发光图中清楚可见（图4-4），为岩浆锆石的典型内部结构，少量锆石颗粒可见薄的黑色变质增生边，与环带间存在明显的界线，这可能是由于后期变质作用的影响。通过二次离子质谱（SIMS）锆石U-Pb同位素分析，样品ZG-16中锆石颗粒U含量为482×10^{-6}～3587×10^{-6}，Th含量为208×10^{-6}～1710×10^{-6}，Th/U为0.173～0.872。

在对数据进行筛选，剔除锆石ZG-16@7之后，一共有19组有效数据，在锆石$^{207}Pb/^{235}U$-$^{206}Pb/^{238}U$谐和图中，19个测试点的分析结果显示出高度不同，拟合一条不一致线之后，上交点$^{206}Pb/^{238}U$年龄为（817±34）Ma，MSWD=9.7，代表了肉红色二长花岗岩的结晶年龄［图4-7（a）］，同时$^{207}Pb/^{206}Pb$加权平均年龄为（803±33）Ma，MSWD=0.16［图4-7（b）］，二者在误差范围内一致，验证了数据的可靠性。

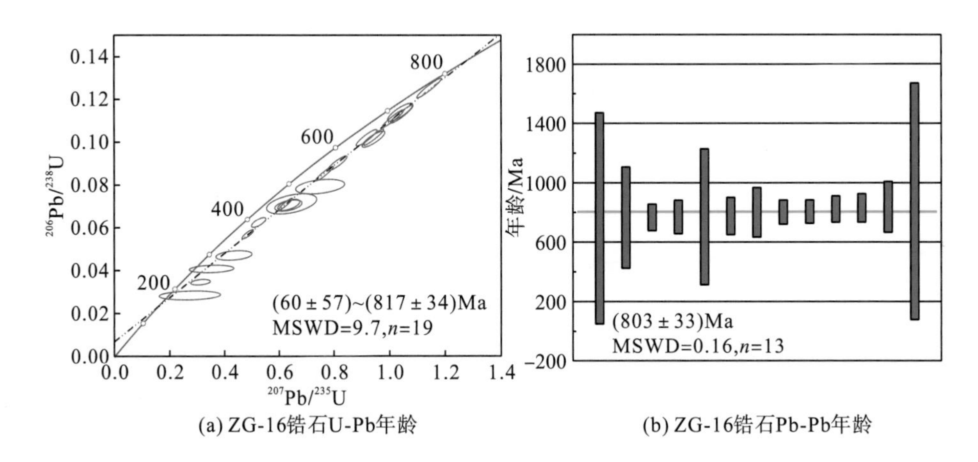

(a) ZG-16锆石U-Pb年龄 (b) ZG-16锆石Pb-Pb年龄

图4-7 峨眉山地区ZG-16肉红色二长花岗岩中SIMS锆石U-Pb年龄谐和图和加权平均年龄图

4.1.3 苏雄组流纹岩体

本书研究利用SIMS锆石U-Pb同位素年代学分析来准确限定苏雄组流纹岩的结晶时代及其源区性质，共挑选了四块具有代表性的样品，大岩房流纹岩（样品DYF-1和DYF-2）和银厂沟流纹岩（样品YCG-1和YCG-3）新鲜且没有发生蚀变。

对大岩房流纹岩样品DYF-1的20颗锆石和样品DYF-2的20颗锆石进行了U-Pb同位素分析，锆石多呈无色透明，基本上为自形状晶体，形态多为粒状，颗粒长度为60～100μm，锆石内部震荡环带在阴极发光图中清楚可见，属于典型的岩浆锆石。在锆石$^{207}Pb/^{235}U$-$^{206}Pb/^{238}U$谐和图中［图4-8（a）］，DYF-1样品20个测试点的分析结果都投在谐和线上或其周围，$^{206}Pb/^{238}U$ 年龄为(818.6±4.6)Ma [MSWD=1.04，图 4-8(a)]。

在锆石 $^{207}Pb/^{235}U$-$^{206}Pb/^{238}U$ 谐和图中[图 4-8(b)]，DYF-2 样品 20 个测试点的分析结果都投在谐和线上或其周围，$^{206}Pb/^{238}U$ 年龄为(813.2±5.1)Ma[MSWD=0.17，图 4-8(b)]。以上年龄代表流纹岩的结晶年龄。锆石 U-Pb 年龄在误差范围内具有很好的一致性，均分布于谐和线上或附近，表明这些锆石几乎没有 U 和 Pb 的丢失和加入，样品可靠性高。

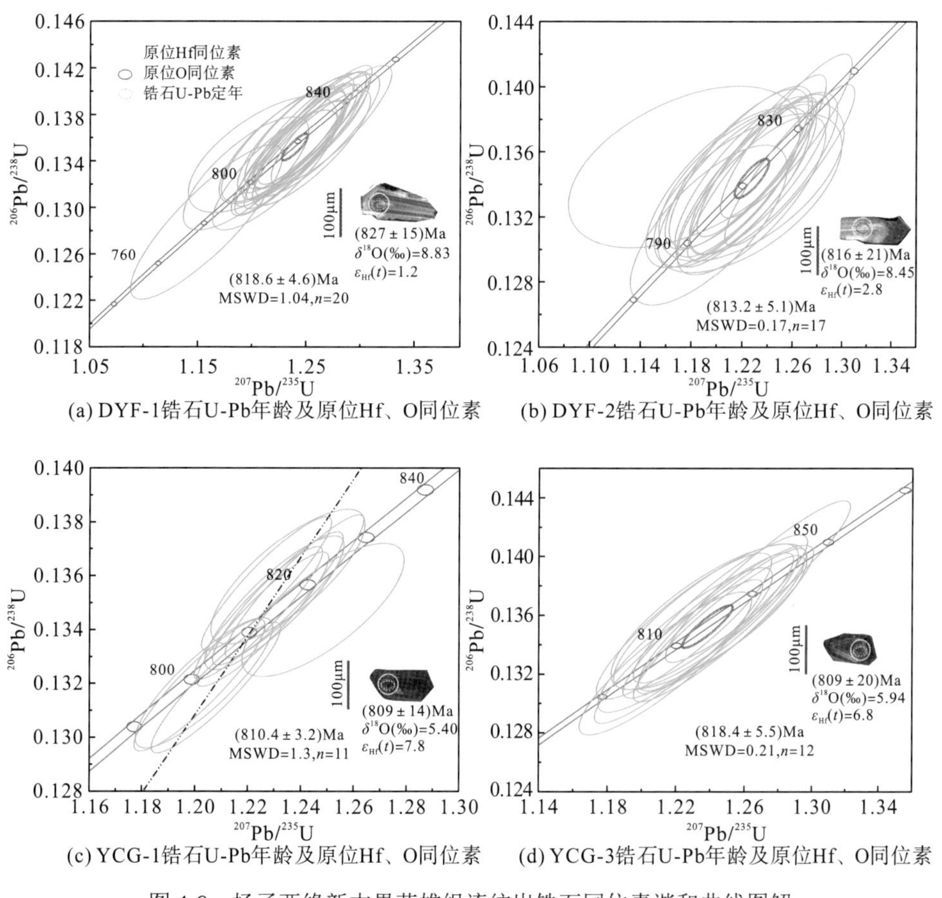

(a) DYF-1锆石U-Pb年龄及原位Hf、O同位素　(b) DYF-2锆石U-Pb年龄及原位Hf、O同位素

(c) YCG-1锆石U-Pb年龄及原位Hf、O同位素　(d) YCG-3锆石U-Pb年龄及原位Hf、O同位素

图 4-8　扬子西缘新古界苏雄组流纹岩锆石同位素谐和曲线图解

4.1.4　石棉花岗岩体

本书研究利用 SIMS 锆石 U-Pb 同位素年代学分析来准确限定石棉岩体的结晶时代及其源区性质，共挑选了两块具有代表性的样品，样品 YCG-10 和 YCG-11 新鲜且没有发生蚀变，分别为花岗岩体和流纹岩体。

对银厂沟花岗岩样品 YCG-10 的 20 颗锆石和样品 YCG-11 的 20 颗锆石进行了 U-Pb 同位素分析(图 4-9)，锆石多数呈自形状晶体，无色透明，形态多为粒状，颗粒长度为 60～100 μm，锆石内部震荡环带在阴极发光图中清楚可见，属于典型的岩浆锆石。样品 YCG-10 锆石有 20 个测试点的分析结果表明锆石 U-Pb 存在 Pb 丢失的现象，但分析结果都在谐和线上或谐和线附近 $^{206}Pb/^{238}U$ 加权平均年龄为(796.5±8.6) Ma (n=8，MSWD=0.87)。样品 YCG-11 锆石有 18 个测试点的分析结果在锆石 $^{207}Pb/^{235}U$-$^{206}Pb/^{238}U$ 谐和曲线上交点的加权平均年龄为(799.5±8.6) Ma (n=7，MSWD=1.9)，以上年龄为石棉花岗岩的结晶年龄。这些锆石 Pb 丢失的原因可能与“高 U 效应”、放射性损失、蜕晶化、后期蚀变作用等有关(Gao et al., 2014)。

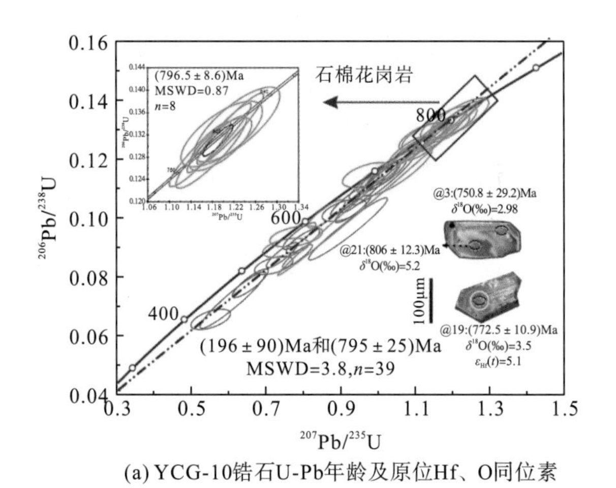

(a) YCG-10锆石U-Pb年龄及原位Hf、O同位素

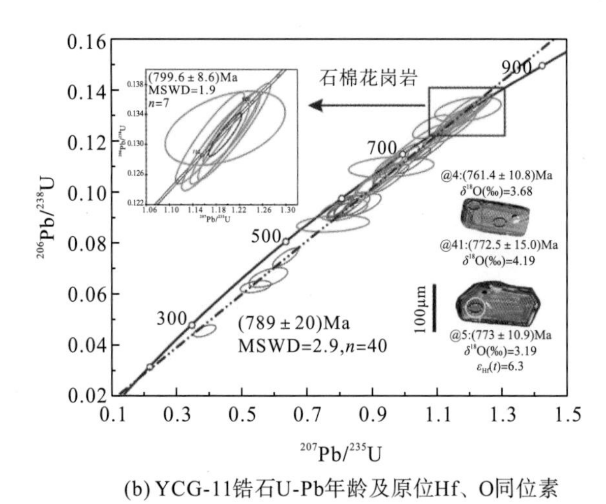

(b) YCG-11锆石U-Pb年龄及原位Hf、O同位素

图 4-9　川西新元古代石棉花岗岩体锆石同位素谐和图

4.1.5　莫家湾花岗岩体

莫家湾二长花岗岩中锆石的化学发光图像为白色-黑色，柱状-长柱状，长宽比为 1.7∶1～4∶1。大多数锆石边缘呈斑状，锆石呈扇形或振荡分带(图 4-10)。这些结构是典型的岩浆成因，受到热液作用的影响(Hoskin and Schaltegger，2003)。

在莫家湾二长花岗岩 MJW-12 样品的透明扇形或振荡环带上测量了 20 个斑点，这些斑点具有中低 Th(15×10^{-6}～254×10^{-6})和 U(23×10^{-6}～510×10^{-6})(Th/U 为 0.13～1.9)。加权平均 $^{206}Pb/^{238}U$ 年龄为(797±13)Ma[MSWD=0.19，图 4-11(a)]。在中低 Th(18×10^{-6}～387×10^{-6})和 U(32×10^{-6}～255×10^{-6})(Th/U 为 0.56～1.6)的 MJW-13 样品中，在锆石的振荡环带上测量了 20 个斑点。MJW-13 样品中 19 颗锆石的 $^{206}Pb/^{238}U$ 加权平均年龄为(785±11)Ma[MSWD=11.7，图 4-11(b)]。

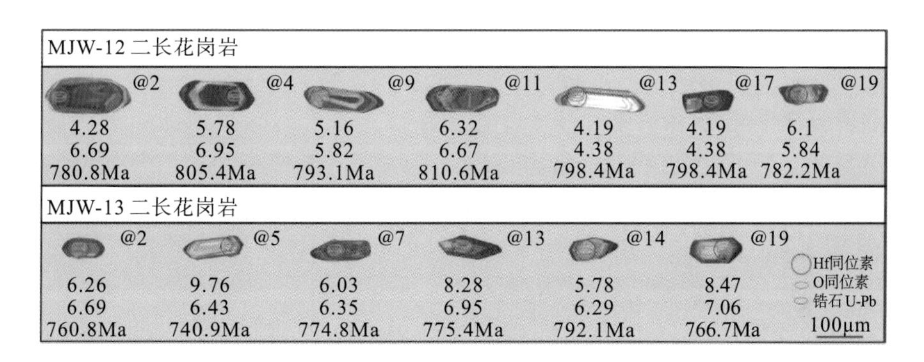

图 4-10　扬子地块西缘攀枝花地区样品 MJW-12 和 MJW-13 中具有代表性的部分岩浆锆石阴极发光图像

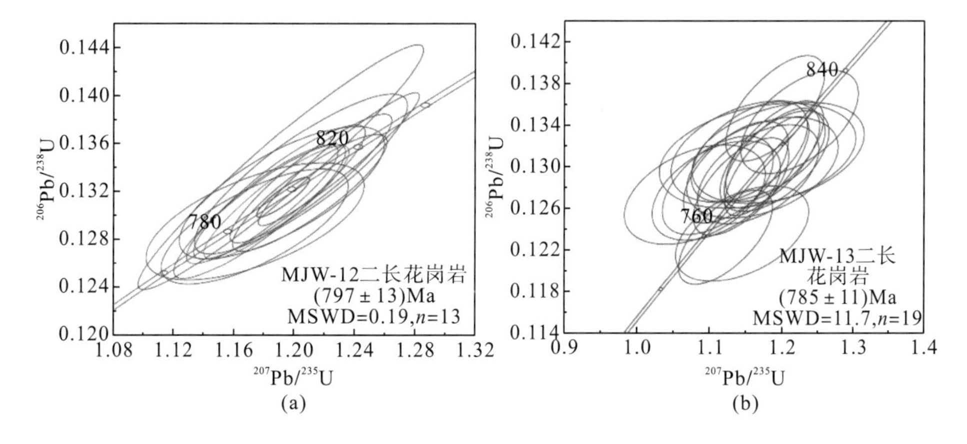

图 4-11　扬子地块西缘莫家湾岩体二长花岗岩样品的 SIMS 锆石 U-Pb 谐和图

4.1.6 瓜子坪花岗岩体

对瓜子坪花岗岩体进行 SIMS U-Pb 同位素分析，实验在中国科学院地质与地球物理研究所进行，从编号为 GZP-3 和 GZP-10 的两块样品中挑选锆石并制靶，对制好的靶进行透反射及阴极发光照片拍摄。

通过阴极发光图挑选晶型完好、无裂隙和包裹体的锆石进行测试分析。样品 GZP-3 与 GZP-10 中的锆石晶体多数呈自形状，形态多数为长柱状，长 120～240μm，宽 40～90μm，长宽比为 4∶3 至 6∶1，锆石内部震荡环带在阴极发光图中清晰可见(图 4-12)，为岩浆锆石的典型内部结构(吴元保和郑永飞，2004)。本次实验一共对 GZP-3 和 GZP-10 两个样品共 39 个点位进行测试分析，39 个点 Th/U 均大于 0.1，属于岩浆锆石的范围(图 4-13)(吴元保和郑永飞，2004)。

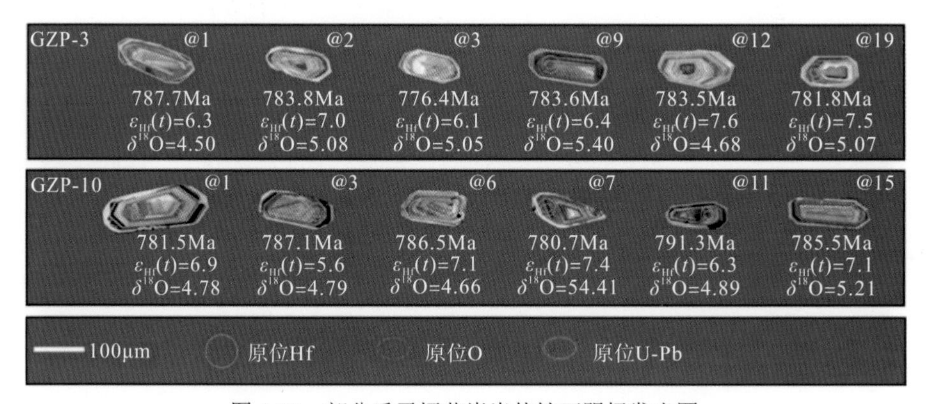

图 4-12 部分瓜子坪花岗岩体锆石阴极发光图

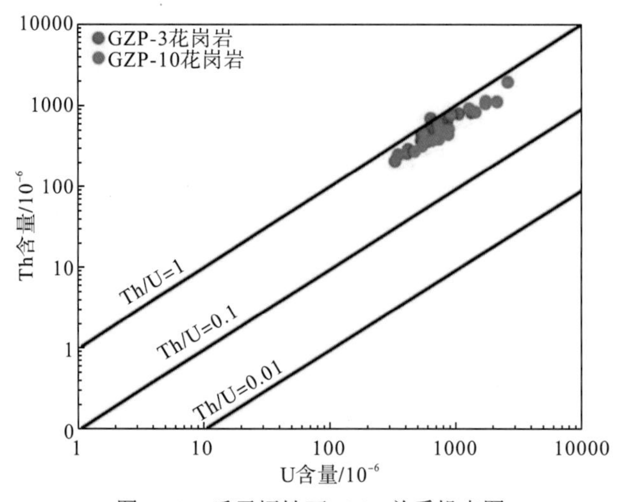

图 4-13 瓜子坪锆石 Th/U 关系投点图

从编号为 GZP-3 的花岗岩样品中挑选 19 个自形性良好、无裂隙和包裹体的锆石进行 U-Pb 同位素的测试分析，结果表明，GZP-3 的 Th 含量为(240～939)×10^{-6}，U 含量为(301～1218)×10^{-6}，Th/U 为 0.76～1.38。锆石年龄谐和图显示 GZP-3 样品的上交点年龄为(783±4)Ma，代表了锆石形成年龄；样品的下交点年龄为(479±130)Ma，代表样品的后期变质事件发生的时间(图 4-14)。

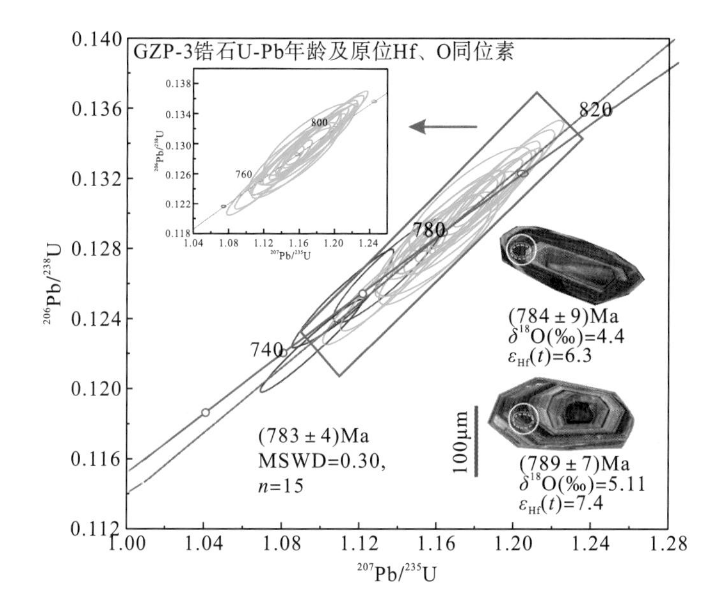

图 4-14　GZP-3 锆石年龄谐和图

剔除 GZP-3 中的 4 个数据异常点，用剩下的 15 组数据再绘制年龄谐和曲线图得到 GZP-3 样品的锆石结晶年龄为(783±4)Ma，这与 GZP-3 的 $^{207}Pb/^{206}Pb$ 加权平均年龄(780.5±5.1)Ma 是非常相近的，代表锆石年龄的可靠性。

从编号为 GZP-10 的花岗岩样品中挑选 20 个自形性良好、无裂隙和包裹体的锆石进行 U-Pb 同位素的测试分析。GZP-10 的 Th 含量为(433～2373)×10^{-6}，U 含量为(240～2321)×10^{-6}，Th/U 为 0.66～1.13。锆石年龄谐和图显示 GZP-10 样品的上交点年龄为(778±10)Ma，代表了锆石形成年龄；样品的下交点年龄为(250±57)Ma，代表样品的后期变质事件发生的时间(图 4-15)。

剔除 GZP-10 中的 5 个数据异常点，用剩下的 15 组数据再绘制年龄谐和曲线图得到 GZP-10 样品的锆石结晶年龄为(781±4)Ma，这与 GZP-10 的 $^{207}Pb/^{206}Pb$ 加权平均年龄(771±14)Ma 是非常相近的，代表锆石年龄的可靠性。

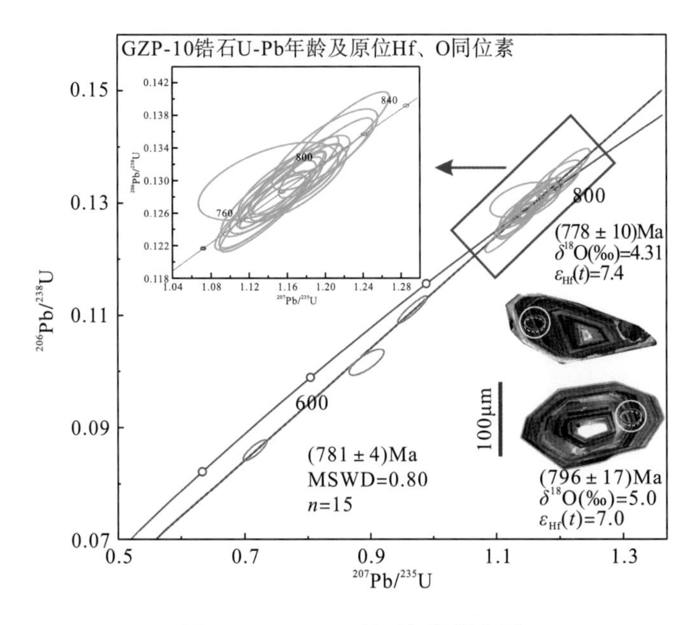

图 4-15 GZP-10 锆石年龄谐和图

4.2 锆石原位 Hf-O 同位素特征

本书使用的锆石原位 Hf 同位素数据均是在中国地质大学(武汉)地质过程与矿产资源国家重点实验室测得,锆石原位微区 Hf 同位素分析所用的激光剥蚀系统型号为 GeoLas 2005(Lambda Physik, 德国), 多接收器电感耦合等离子体质谱仪(MC-ICP-MS)的型号为 Neptune Plus(Thermo Fisher Scientific, 德国)。使用该实验室自主研发的一种信号平滑装置, 将激光脉冲的频率降低至 1Hz 并使信号更加平稳(Hu Z C et al., 2012a)。在仪器条件相对固定的条件下, 以氦气为载气可以使整个仪器的灵敏度提升至两倍(Hu Z C et al., 2008a), 同时利用新开发出的 X 截取锥和 Jet 采样锥组合将少量氮气加入其中, 可提高多数元素的灵敏度(如 Hf、Yb 和 Lu 元素的灵敏度分别能够提高 5.3 倍、4.0 倍和 2.4 倍)(Hu Z C et al., 2008b)。分析时激光束斑直径为 44μm, 实际输出的能量密度为 5.3J/cm^2。我们对锆石样品的 Yb 的质量分馏系数(β_{Yb})进行了实时获取, 以此为基础来校正 ^{176}Yb 和 ^{176}Lu 对 ^{176}Hf 的同量异位素所产生的干扰。在整个分析过程中, 使用 ICPMSDataCal 软件(Liu S et al., 2010)处理数据(样品以及空白信号区间的选择以及同位素质量分馏校正的过程)。仪器操作的具体方法及流程见参考文献(Hu Z C et al., 2012b)。

SIMS 锆石原位 O 同位素数据是在中国科学院地质与地球物理研究所离子探针实验室测得的, 所用仪器型号为 Cameca IMS-1280 型二次离子质谱仪, 详细分析流程见(Li X H et al.，2009b)及(李献华等，2009)。简述如下。用强度大约 2nA 的一次 $^{133}Cs^{+}$离子束在 10kV 电压下加速，轰击样品表面，束斑直径为 10μm，并在−10kV 的加速电压下进行负二次离子提取。样品进行一次单点测试的时间控制在 5min 左右。单组 $\delta^{18}O/^{16}O$ 数据内精度一般优于 0.2‰，标样的外部精度一般为 0.5‰(2SD)。在整个分析过程中，采用 Penglai 锆石标准(Li Q L et al.，2010)对 SIMS 的仪器质量分馏(IMF)进行校正，测量的 $\delta^{18}O/^{16}O$ 通过 VSMOW 值($\delta^{18}O/^{16}O$=0.0020052)校正后，加上仪器质量分馏校正因子 IMF 即为该点的 $\delta^{18}O$ 值：$(\delta^{18}O)_M=[(\delta^{18}O/^{16}O)_M/0.0020052-1]\times1000$(‰)，$IMF=(\delta^{18}O)_{M(standard)}-(\delta^{18}O)_{VSMOW}$，$\delta^{18}O_{样品}=(\delta^{18}O)_M+IMF$(李献华等，2009)。下文将按照岩体的不同，分别对 Hf-O 同位素特征进行详细描述。

4.2.1　灯杆坪花岗岩体

对黑云母正长花岗岩(样品 Y0407)的 12 颗锆石进行了 Hf 同位素的测定。锆石中 $^{176}Hf/^{177}Hf$ 为 0.2824～0.2825，$\varepsilon_{Hf}(t)$ 为 3.38～9.14。Hf 同位素单阶段模式年龄(T_{DM_1})为 1189～966Ma，二阶段模式年龄(T_{DM_2})为 1451～1088Ma。

对黑云母二长花岗岩(样品 Y0408)的 12 颗锆石进行了 Hf 同位素的测定。锆石中 $^{176}Hf/^{177}Hf$ 为 0.2824～0.2825，$\varepsilon_{Hf}(t)$ 为 3.85～9.36。Hf 同位素单阶段模式年龄(T_{DM_1})为 1166～943Ma，二阶段模式年龄(T_{DM_2})为 1409～1062Ma。

对正长花岗岩(样品 Y0412)的 15 颗锆石与正长花岗岩(样品 Y0414)的 14 颗锆石进行了 Hf 同位素的测定。样品 Y0412 的锆石中 $^{176}Hf/^{177}Hf$ 为 0.2821～0.2823，$\varepsilon_{Hf}(t)$ 为−5.96～0.92；Hf 同位素单阶段模式年龄(T_{DM_1})为 1638.0～1350.7Ma，二阶段模式年龄(T_{DM_2})为 2078.7～1647.2Ma。样品 Y0414 的锆石中 $^{176}Hf/^{177}Hf$ 为 0.2822～0.2823，$\varepsilon_{Hf}(t)$ 为−3.17～2.76；Hf 同位素单阶段模式年龄(T_{DM_1})为 1511.5～1270.1Ma，二阶段模式年龄(T_{DM_2})为 1896.4～1523.9Ma。

在 80 颗进行 SIMS 全 U-Pb 测年的锆石上进行了原位 O 同位素分析。黑云母正长花岗岩样品 Y0407 的锆石 $\delta^{18}O$ 为 5.13‰～6.75‰。黑云二长花岗岩样品 Y0408 的 $\delta^{18}O$ 为 3.44‰～6.67‰，有 5 个 $\delta^{18}O$ 较低的锆石颗粒。正长花岗岩样品 Y0412 和 Y0414 的 $\delta^{18}O$ 为 5.13‰～7.38‰。

4.2.2　峨眉山花岗岩体

本书通过原位微区 SIMS 的锆石 O 同位素分析和原位微区 LA-ICP-MS 的锆石 Lu-Hf 同位素测试分析来进一步准确示踪花岗岩体的岩浆源区，样品与锆石 U-Pb

同位素分析的样品一致，分别为灰白色二长花岗岩（样品 ZG-9）和肉红色二长花岗岩（样品 ZG-16），靶点位置与 U-Pb 同位素部分相同（图 4-1）。

因为锆石本身的 Hf 含量普遍较高，而 Lu 的含量却非常低，因此就产生锆石的 $^{176}Lu/^{177}Hf$ 普遍较低的现象。因此，年代不确定性引起 $^{176}Lu/^{177}Hf$ 出现误差的可能性很小（吴福元等，2007a，2007b）。本次研究的所有样品中，$^{176}Lu/^{177}Hf$ 仅 ZG-9 中有两个样品较高，其余比值均低于 0.002，所有样品的 $^{176}Lu/^{177}Hf$ 均在固定的分布范围之内，这足以说明峨眉山张沟岩浆岩样品中的锆石在形成之后没有发生大量的放射性成因 Hf 元素累积的现象，因此，我们可以确定所测定的 $^{176}Lu/^{177}Hf$ 基本可以代表峨眉山张沟岩浆岩样品中的锆石在形成时所体现出的 Hf 同位素组成（Amelin et al.，1999；Kinny and Mass，2003）。

1. 灰白色二长花岗岩

对灰白色二长花岗岩（样品 ZG-9）的 20 颗锆石进行了 Lu-Hf 同位素的测定。剔除锆石 ZG-9@8 和 ZG-9@13 之后，锆石样品中 18 个测试点的 $^{176}Hf/^{177}Hf$ 为 0.2823～0.2824，平均值为 0.28239，$\varepsilon_{Hf}(t)$ 为−1.70～11.04，只有两颗锆石 $\varepsilon_{Hf}(t)$ 值（−0.63、−1.70）小于零，说明其母岩浆主要来自新生地壳物质。Hf 同位素单阶段模式年龄（T_{DM_1}）为 1327～1114Ma，二阶段模式年龄（T_{DM_2}）为 1649～1206Ma。

灰白色二长花岗岩锆石 O 同位素测试结果见图 4-16，ZG-9 测定的 20 颗锆石中，$\delta^{18}O$ 变化范围为 5.07‰～12.05‰，O 同位素组成仅有 1 颗锆石的 $\delta^{18}O$ 值（5.07‰）低于地幔锆石（5.3‰±0.6‰）（Valley et al.，2005；陈竟志和姜能，2011；王梦玺等，2012；李铁军，2013；黄秘伟，2015；刘建敏等，2016；张文慧等，2016；鲁玉龙等，2017）。

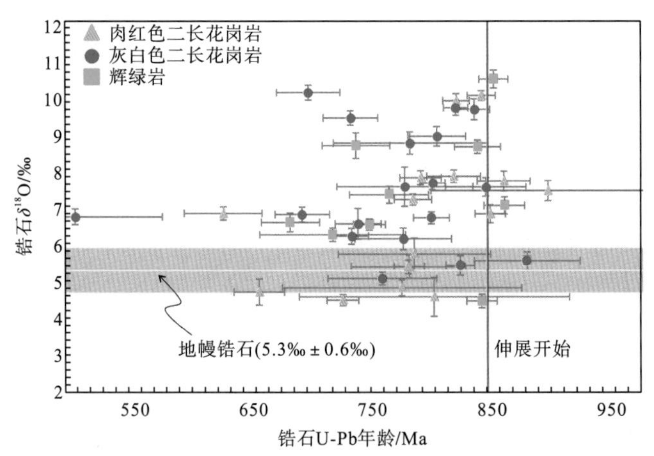

图 4-16 峨眉山地区张沟岩浆岩样品中 SIMS 锆石原位 O 同位素与锆石 $^{206}Pb/^{238}U$ 年龄的关系图解

2. 肉红色二长花岗岩

对肉红色二长花岗岩(样品 ZG-16)的 20 颗锆石进行了 Lu-Hf 同位素的测定。剔除锆石 ZG-16@7 之后，锆石样品中 19 个测试点的 $^{176}Hf/^{177}Hf$ 为 0.2823～0.2824，平均值为 0.282396，$\varepsilon_{Hf}(t)$ 为−0.21～6.79，仅有 2 颗锆石 $\varepsilon_{Hf}(t)$ 值(−0.33、−0.21)小于零，表明其母岩浆主要来自新生地壳物质。Hf 同位素单阶段模式年龄(T_{DM_1})为 1253～897Ma，二阶段模式年龄(T_{DM_2})为 1626～1023Ma。

肉红色二长花岗岩锆石 O 同位素测试结果见图 4-16，ZG-1 测定的 12 颗锆石中，由于 ZG-16@7 和 ZG-16@10 的 2SE 数值较高，因此在剔除改数据之后，$\delta^{18}O$ 变化范围为 4.24‰～9.83‰，氧同位素组成有 5 颗锆石的 $\delta^{18}O$ 数值(4.24‰、4.49‰、4.58‰、4.71‰、4.82‰)低于地幔锆石(5.3‰±0.6‰)(Valley et al.，2005)。

4.2.3　苏雄组流纹岩体

本书通过原位微区 SIMS 的锆石 Hf-O 同位素分析来进一步准确示踪花岗岩体的岩浆源区，在已完成锆石 U-Pb 同位素分析的基础上，同时根据测年结果挑选锆石 U-Pb 年龄谐和度大于 90%的锆石。此外，样品与锆石 U-Pb 同位素分析的样品一致，分别为大岩房流纹岩体(样品 DYF-1 和样品 DYF-2)、银厂沟流纹岩体(样品 YCG-1 和样品 YCG-3)。

对大岩房流纹岩(样品 DYF-1 和 DYF-2)的 40 颗锆石进行了 Hf 同位素的测定以及 O 同位素测定。锆石中 $^{176}Hf/^{177}Hf$ 为 0.2824～0.2825，$\varepsilon_{Hf}(t)$ 为 0.9～3.3。Hf 同位素单阶段模式年龄(T_{DM_1})为 1189～1044Ma，二阶段模式年龄(T_{DM_2})为 1610～1490Ma。$^{16}O/^{18}O$ 为 0.002041 ～0.002043，$\delta^{18}O$ 为 8.20～9.14。

对银厂沟流纹岩(样品 YCG-1 和 YCG-3)的 40 颗锆石进行了 Hf 同位素的测定以及 O 同位素测定。锆石中 $^{176}Hf/^{177}Hf$ 为 0.2824～0.2825，$\varepsilon_{Hf}(t)$ 为 4.2～8.4。Hf 同位素单阶段模式年龄(T_{DM_1})为 1233～986Ma，二阶段模式年龄(T_{DM_2})为 1313～1177Ma。$^{16}O/^{18}O$ 为 0.002036～0.002045，$\delta^{18}O$ 为 5.30～6.31。

4.2.4　石棉花岗岩体

本书通过原位微区 SIMS 的锆石 Hf-O 同位素分析来进一步准确示踪花岗岩体的岩浆源区，在已完成锆石 U-Pb 同位素分析的基础上，同时根据测年结果挑选锆石 U-Pb 年龄谐和度大于 90%的锆石。此外，样品与锆石 U-Pb 同位素分析的样品一致。

对花岗岩(样品 YCG-10)的 40 颗锆石进行了 Hf 同位素的测定以及 O 同位素

测定。锆石中 $^{176}Hf/^{177}Hf$ 为 0.2824～0.2825，$\varepsilon_{Hf}(t)$ 为 4.2～8.2。Hf 同位素单阶段模式年龄（T_{DM_1}）为 1189～1044Ma，二阶段模式年龄（T_{DM_2}）为 1410～1190Ma。$^{16}O/^{18}O$ 为 0.002041～0.002043，$\delta^{18}O$ 为 5.17～6.20。

对花岗岩(样品 YCG-11)的 40 颗锆石进行了 Hf 同位素的测定以及 O 同位素测定。锆石中 $^{176}Hf/^{177}Hf$ 为 0.2824～0.2826，$\varepsilon_{Hf}(t)$ 为−3.2～11.7。Hf 同位素单阶段模式年龄（T_{DM_1}）为 1130～935Ma，二阶段模式年龄（T_{DM_2}）为 1559～986Ma。$^{16}O/^{18}O$ 为 0.002033～0.002043，$\delta^{18}O$ 为 2.98～5.31。

4.2.5 莫家湾花岗岩体

Lu-Hf 同位素数据以 $\varepsilon_{Hf}(t)$ (t=结晶年龄)和 Hf 模式年龄表示，为花岗岩类岩浆源岩的起源和平均地壳停留年龄提供了有用的信息。从莫家湾二长花岗岩 MJW-12 和 MJW-13 中选取 40 个锆石进行 Lu-Hf 同位素原位分析。这两个样品的锆石也在相同的区域进行了 U-Pb 同位素分析[图 4-17(a)]。

根据结晶年龄计算了初始 $^{176}Hf/^{177}Hf$ 和 $\varepsilon_{Hf}(t)$。$\varepsilon_{Hf}(t)$ 为 4.28～9.79，表明二长花岗岩的源区为新生地壳。T_{DM_2} 为 1424～1079Ma(Söderlund et al.，2004)，明显早于二长花岗岩约 791Ma 的结晶年龄(Wu F Y et al.，2007)。

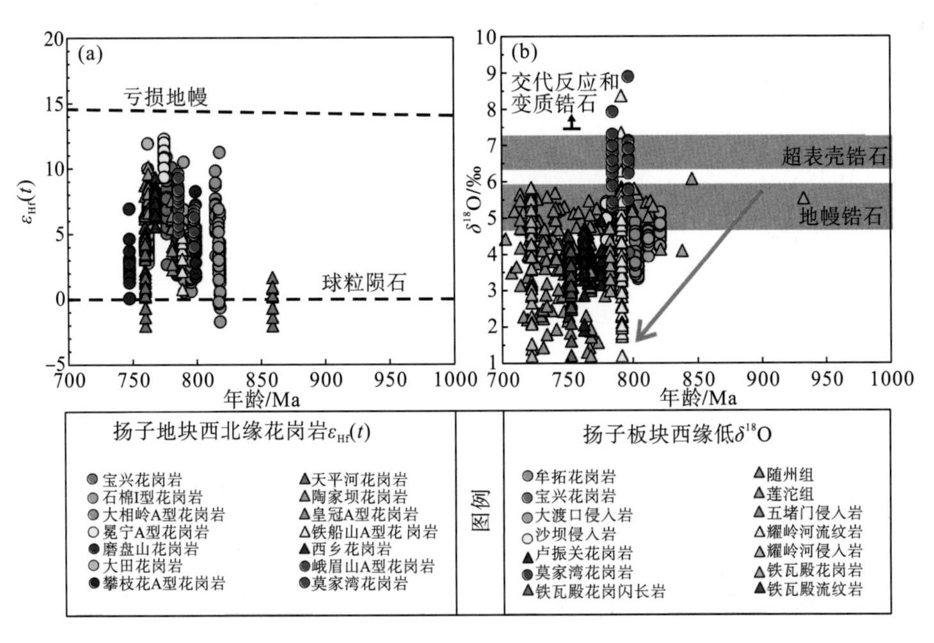

图 4-17 扬子地块西部火成岩 $\varepsilon_{Hf}(t)$ -锆石 U-Pb 年龄和 $\delta^{18}O$-锆石 U-Pb 年龄

对莫家湾二长花岗岩 MJW-12 和 MJW-13 进行了 O 同位素原位分析。对 40 颗锆石进行了 40 次 O 同位素测量[图 4-17(b)]。$\delta^{18}O$ 值中有三个被舍弃，因为它们有较高的 2σ 值。莫家湾二长花岗岩的锆石 $\delta^{18}O$ 为 5.42‰～8.97‰，大部分高于正常地幔 $\delta^{18}O$(5.3‰±0.6‰)。这表明莫家湾二长花岗岩的 $\delta^{18}O$ 值(5.42‰～8.97‰)大多高于原始地幔。图 4-17(b)显示莫家湾花岗岩的 $\delta^{18}O$ 值大多高于正常地幔的 $\delta^{18}O$ 值，属于地壳锆石，两个样品明显高于其他值，可能是由蚀变引起的(Jiang et al.，2021)。

4.2.6　瓜子坪花岗岩体

在编号为 GZP-3 和 GZP-10 两个样品中进行锆石原位微区锆石 Lu-Hf 同位素测试分析实验，实验地点为中国地质大学(武汉)地质过程与矿产资源国家重点实验室，打点位置与 U-Pb 同位素测试点位部分相同。锆石晶体化学式为 $ZrSiO_4$，大多数锆石中含有 0.5%～2%的 Hf，因而也是进行 Hf 同位素测定的理想矿物。由于锆石中 Lu/Hf 很低($^{176}Lu/^{177}Hf$ 一般小于 0.002)，由 ^{176}Lu 衰变生成的 ^{176}Hf 极少(吴福元等，2007a)。

因此，可以用锆石的 $^{176}Hf/^{177}Hf$ 来代表该锆石形成时的 $^{176}Hf/^{177}Hf$，进一步为了解其成因提供重要信息(Patchett et al.，1981；Kinny and Mass，2003)。在瓜子坪花岗岩体锆石 40 组 Lu-Hf 同位素测试数据中，只有 4 组数据的 $^{176}Lu/^{177}Hf$ 大于 0.002，其他数据均小于 0.002，证明了数据的准确性。瓜子坪花岗岩体的 $\varepsilon_{Hf}(t)$ 为 4.3～8.1，所有 $\varepsilon_{Hf}(t)$ 均大于 0，指示新生地壳来源；样品的单阶段模式年龄 T_{DM_1} 为 1132～1037Ma，二阶段亏损地幔模式年龄 T_{DM_2} 为 1302～1177Ma，瓜子坪花岗岩体的亏损地幔模式大于岩体的结晶年龄(图 4-18)。

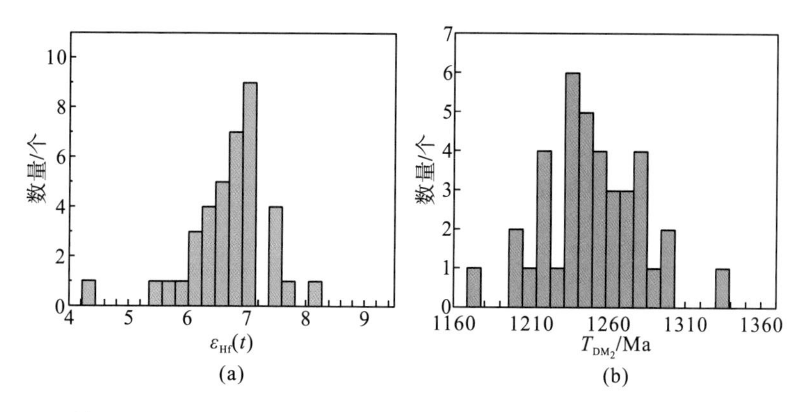

图 4-18　(a)瓜子坪花岗岩体 $\varepsilon_{Hf}(t)$ 和锆石年龄比值图；(b)Hf 同位素亏损模式年龄图

剔除瓜子坪花岗岩样品的异常的2组O同位素数据，用余下的39组O同位素数据进行研究分析。瓜子坪花岗岩体的$\delta^{18}O$变化范围为4.31‰～5.42‰，其中97.5%数据显著低于正常地幔锆石$\delta^{18}O$值[(5.3±0.6)‰](Valley et al.，1998)。

4.3 主量元素特征

本书使用的岩体主量元素数据均是在澳实分析检测(广州)有限公司测得，所测样品均提前碎至200目以下。全岩主量元素测试采用X射线荧光(X-ray fluorescence，XRF)光谱分析法，分析精度优于5%。称取0.9g样品对其进行煅烧，后加入9.0g的$Li_2B_4O_7$-$LiBO_2$固体助熔物，在充分均匀混合后，将其在1050～1100℃的高温下熔融制成玻璃片，使用XRF对其进行测定。后文将按照岩体的不同，分别对岩体主量元素特征进行详细描述。

4.3.1 灯杆坪花岗岩体

灯杆坪黑云母二长花岗岩的SiO_2(66.7%～72.4%)、全碱Na_2O+K_2O(6.9%～7.8%)和Al_2O_3(14.4%～17.2%)与黑云母正长花岗岩相似，均处于含量较高的水平，而CaO(1.5%～3.1%)、MgO(0.7%～1.1%)、FeO^T(2.4%～3.4%)和P_2O_5(0.08%～0.11%)含量则较低。其中A/NK[①]=1.5，A/CNK[②]=1.1，里特曼指数σ=1.9(1.8～2.2)，$Mg^{\#}$[③]为36.1～40.5。在SiO_2-(Na_2O+K_2O)岩石分类图解(图4-19)中，黑云母二长花岗岩大部分落入花岗岩区域内；在K_2O-SiO_2岩石系列判别图[图4-20(a)]中显示样品落在钙碱性-高钾钙碱性过渡的区域；在A/NK-ASI铝饱和指数图[图4-20(b)]中显示样品属于弱过铝质-过铝质花岗岩。因此黑云母二长花岗属于弱过铝质-过铝质的钙碱性-高钾钙碱性花岗岩。

灯杆坪钾长花岗岩具有较高含量的SiO_2(73.0%～76.8%)、全碱Na_2O+K_2O(7.9%～8.3%)和Al_2O_3(12.5%～13.6%)，而CaO(0.10%～0.12%)、MgO(0.14%～0.35%)、FeO^T(1.3%～3.2%)和P_2O_5(0.02%～0.03%)含量则较低。其中A/NK=1.2，ASI=1.1，里特曼指数σ=2.1(1.9～2.3)，$Mg^{\#}$[③]为13.8～18.0。在SiO_2-(Na_2O+K_2O)岩石分类图解(图4-19)中，钾长花岗岩大部分落入花岗岩区域内；在K_2O-SiO_2岩石系列判别图[图4-20(a)]中显示样品落在高钾钙碱性过渡的区域；在A/NK-ASI铝饱和指数图[图4-20(b)]中显示样品属于弱过铝质-过铝质花岗岩。因

① A/NK：指Al_2O_3/(Na_2O+K_2O)的含量比。
② A/CNK=Al_2O_3/($CaO+Na_2O+K_2O$)的含量比。
③ $Mg^{\#}$：Mg/(Mg+Fe)摩尔百分比。

此钾长花岗岩属于过铝质的高钾钙碱性花岗岩。

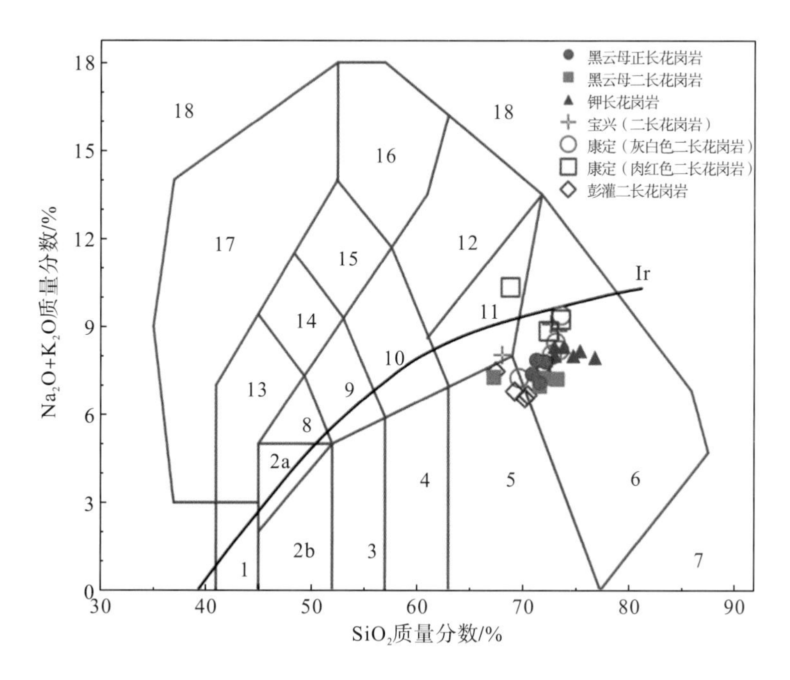

图 4-19　扬子地块西缘新元古代灯杆坪花岗岩 SiO_2-(Na_2O+K_2O) 岩石分类图解

（据 Middlemost，1994）

Ir 为 Irvine 分界线，上方为碱性，下方为亚碱性

1. 橄榄辉长岩；2a. 碱性辉长岩；2b. 亚碱性辉长岩；3. 辉长闪长岩；4. 闪长岩；5. 花岗闪长岩；6. 花岗岩；7. 硅英岩；8. 二长辉长岩；9. 二长闪长岩；10. 二长岩；11. 石英二长岩；12. 正长岩；13. 副长石辉长岩；14. 副长石二长闪长岩；15. 副长石二长正长岩；16. 副长正长岩；17. 副长深成岩；18. 霓方钠岩/磷霞岩/粗白榴岩

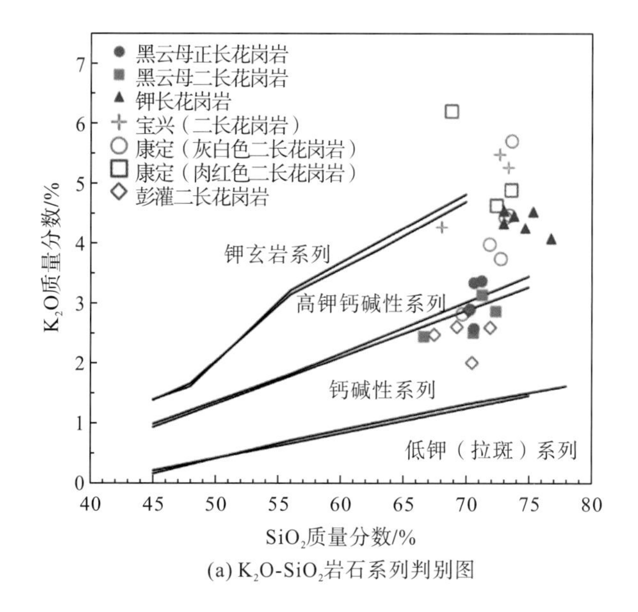

(a) K_2O-SiO_2岩石系列判别图

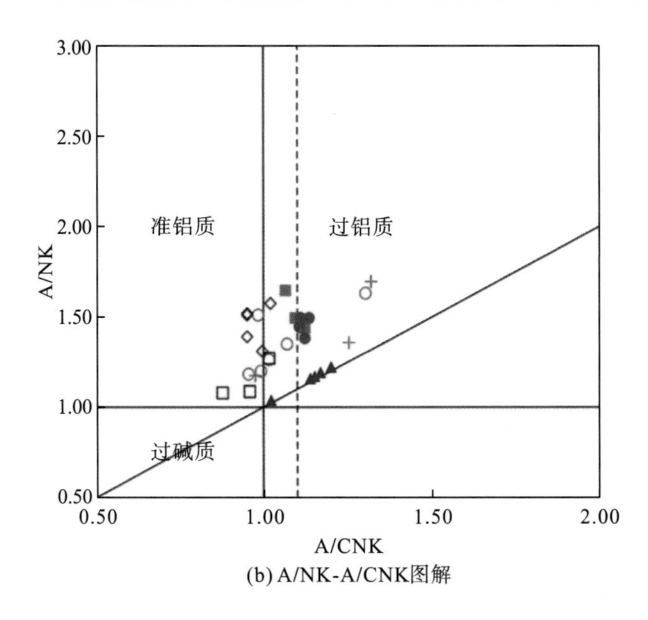

(b) A/NK-A/CNK图解

图 4-20 扬子地块西缘新元古代灯杆坪花岗岩性质判别图解

（据 Maniar and Piccoli，1989；Peccerillo and Taylor，1976；Middlemost，1994）

4.3.2 峨眉山花岗岩体

1. 灰白色二长花岗岩

灰白色二长花岗岩(ZG-8、ZG-9、ZG-10、ZG-11、ZG-12)的全岩主量元素分析结果显示：灰白色二长花岗岩中 SiO_2(69.11%～70.50%)、全碱 Na_2O+K_2O(7.10%～7.35%)和 Al_2O_3(14.16%～14.47%)的含量较高，而 CaO(1.78%～2.03%)、MgO(0.72%～0.91%)、FeO^T(2.61%～3.07%)和 P_2O_5(0.11%～0.15%)的含量较低。其中 A/NK 为 1.46～1.48，A/CNK 为 1.07～1.10，均大于 1.0，为过铝质花岗岩；里特曼指数 σ(1.91～1.98)均大于 1.8，为钙碱性花岗岩(Irvine and Baragar，1971)，$Mg^{\#}$为 33.18%～34.80%，锆石结晶温度(T_{Zr})为 792.66～817.19℃(Watson and Harrison，1983)，同时具有较低的烧失量(0.80%～1.03%)，表明样品新鲜，数据可靠。在 SiO_2-(Na_2O+K_2O)岩石投点图中[图 4-21(a)]，灰白色二长花岗岩点位均落入花岗岩区域内；在 SiO_2-K_2O、AR[①]-SiO_2 和 SiO_2-(Na_2O+K_2O-CaO)岩石系列判别图[图 4-21(d)～图 4-21(f)]中显示样品落在高钾钙碱性区域；在 R1-R2 深成岩分类图解中[图 4-21(b)]，样品点位均落在二长花岗岩区域；在 A/CNK-A/NK 铝饱和指数图[图 4-21(c)]中显示灰白色二长花岗岩样品属于过铝质花岗岩。因此灰白色二长花岗岩属于过铝质的高钾钙碱性花岗岩。

① AR：alkalinity ratio，碱度率。

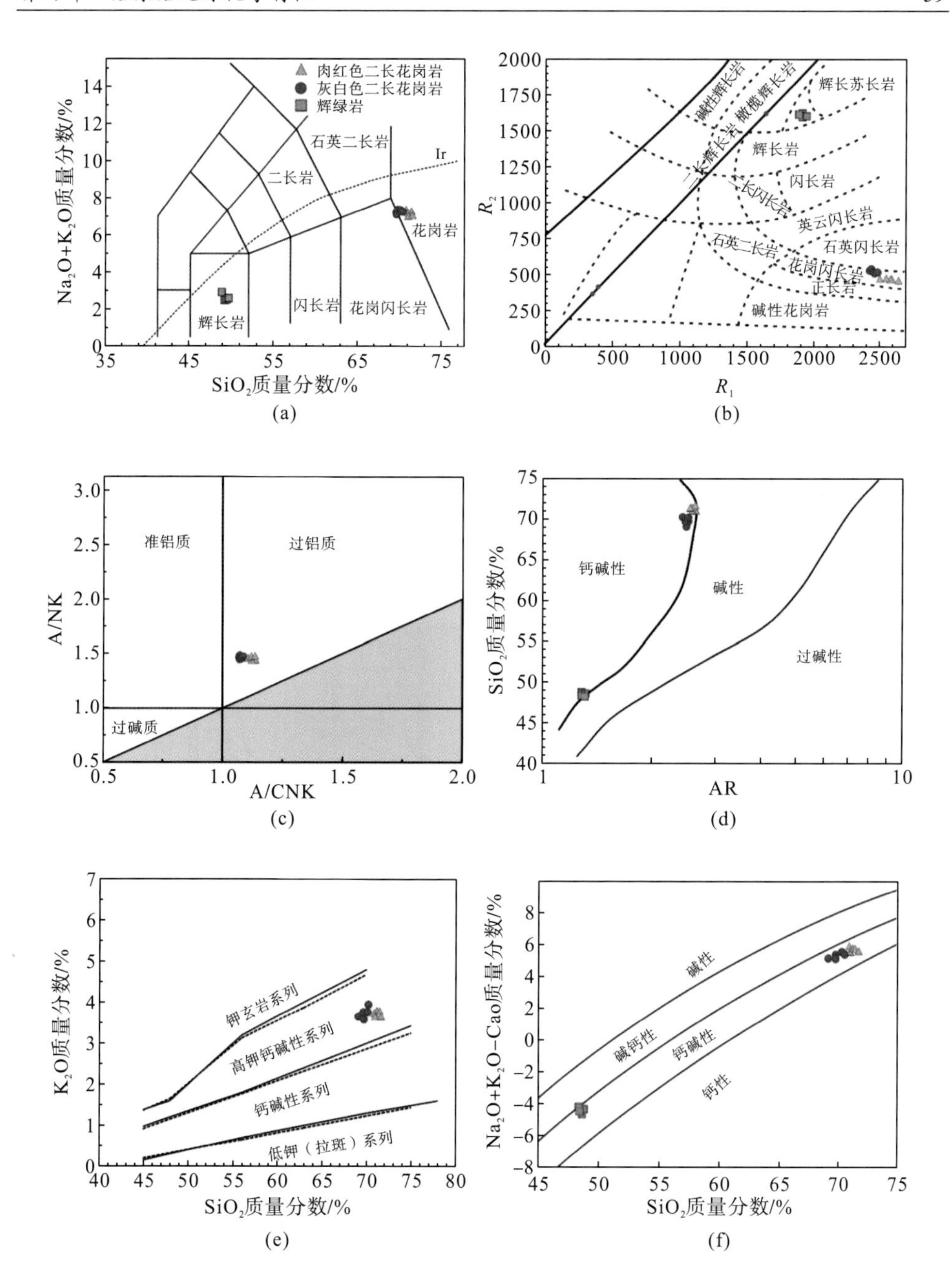

图 4-21　扬子地块西缘新元古代峨眉山花岗岩性质判别图解

(a) TAS 全碱图(底图据 Middlemost，1994)；(b) R_1-R_2 图，R_1=4Si−11(Na+K)−2(Fe+Ti)，R_2=Al+2Mg+6Ca(底图据 De la Roche et al.，1980)；(c) Al_2O_3/($CaO+Na_2O+K_2O$)-Al_2O_3/(Na_2O+K_2O)图(底图据 Maniar and Piccoli，1989)；(d) SiO_2-AR 图(底图据 Wright，1969)；(e) SiO_2-K_2O 图(底图据 Peccerillo and Taylor，1976)；(f) (Na_2O+K_2O-CaO)-SiO_2 图(底图据 Frost and Frost，2011)

2. 肉红色二长花岗岩

肉红色二长花岗岩(ZG-13、ZG-14、ZG-16、ZG-21、ZG-22)的全岩主量元素分析结果显示肉红色二长花岗岩中的 SiO_2(70.89%～71.66%)、全碱 Na_2O+K_2O(6.99%～7.29%)和 Al_2O_3(13.59%～14.24%)含量较高，而 CaO(1.42%～1.52%)、MgO(0.69%～0.77%)、FeO^T(2.37%～2.62%)和 P_2O_5(0.10%～0.11%)的含量较低。其中，A/NK 为 1.43～1.45，A/CNK 为 1.12～1.14，均大于 1.0，为过铝质花岗岩；里特曼指数 σ 为 1.70～1.91，其中两个样品值分别为 1.70 和 1.76，低于 1.8，为弱钙碱性-钙碱性花岗岩(Irvine and Baragar，1971)，$Mg^{\#}$为 33.10～35.98，锆石结晶温度(T_{Zr})为 775.50～797.59℃(Watson and Harrison，1983)，具有较低的烧失量(0.78%～0.89%)，表明样品新鲜，数据可靠。在 SiO_2-(Na_2O+K_2O)岩石分类图解[图 4-21(a)]中，灰白色二长花岗岩点位均落入花岗岩区域内；在 R_1-R_2 深成岩分类图解中[图 4-21(b)]，样品点位均落在二长花岗岩区域；在 A/CNK-A/NK 图[图 4-21(c)]中显示肉红色二长花岗岩样品属于过铝质花岗岩；在 SiO_2-K_2O、AR-SiO_2 和 SiO_2-(Na_2O+K_2O-CaO)岩石系列判别图[图 4-21(d)～图 4-21(f)]中显示样品落在高钾钙碱性区域。因此肉红色二长花岗岩属于过铝质的高钾钙碱性花岗岩。

4.3.3 苏雄组流纹岩体

苏雄组流纹岩的全岩主量元素分析结果表明流纹岩具有较高含量的 SiO_2(71.03%～79.92%)、全碱 Na_2O+K_2O(6.92%～8.78%)和 Al_2O_3(10.36%～13.8%)，相比而言，CaO(0.1%～0.52%)、MgO(0.06%～0.59%)、FeO^T(1.26%～3.92%)和 P_2O_5(0.01%～0.02%)的含量则较低。其中 A/CNK=2.0(1.41～1.62)，A/NK=1.7(1.06～1.29)，里特曼指数 σ=2.0(1.30～2.60)，$Mg^{\#}$为 39.0～41.5。

在 SiO_2-(Na_2O+K_2O)岩石分类图解(图 4-22)中，所有样品投点均落入流纹岩区域内；在 K_2O-SiO_2 岩石系列判别图[图 4-23(a)]中显示样品落在高钾钙碱性-钾玄性过渡的区域；在 A/NK-A/CNK 图[图 4-23(b)]中显示流纹岩样品投点落入了过铝质花岗岩区内。因此苏雄组流纹岩属于过铝质的高钾钙碱性-钾玄性流纹岩。

4.3.4 石棉花岗岩体

石棉花岗岩全岩主量元素分析结果表明流纹岩具有较高含量的 SiO_2(73.2%～79.22%)、全碱 Na_2O+K_2O(8.39%～8.78%)和 Al_2O_3(10.36%～13.8%)，K_2O/Na_2O

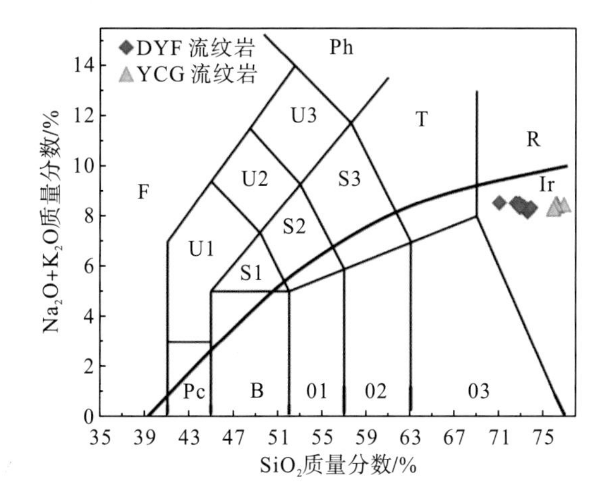

图 4-22　扬子地块西缘苏雄组流纹岩 SiO_2-(Na_2O+K_2O) 岩石分类图解

(底图据 Middlemost，1994)

Pc. 苦橄玄武岩；B. 玄武岩；01. 玄武安山岩；02. 安山岩；03. 英安岩；R.流纹岩；S1. 粗面玄武岩；S2.玄武质粗面安山岩；S3. 粗面安山岩；T. 粗面岩、粗面英安岩；F. 副长石岩；U1. 碱玄岩、碧玄岩；U2. 响岩质碱玄岩；U3. 碱玄质响岩；Ph. 响岩；Ir. Irvine 分界线，上方为碱性，下方为亚碱性

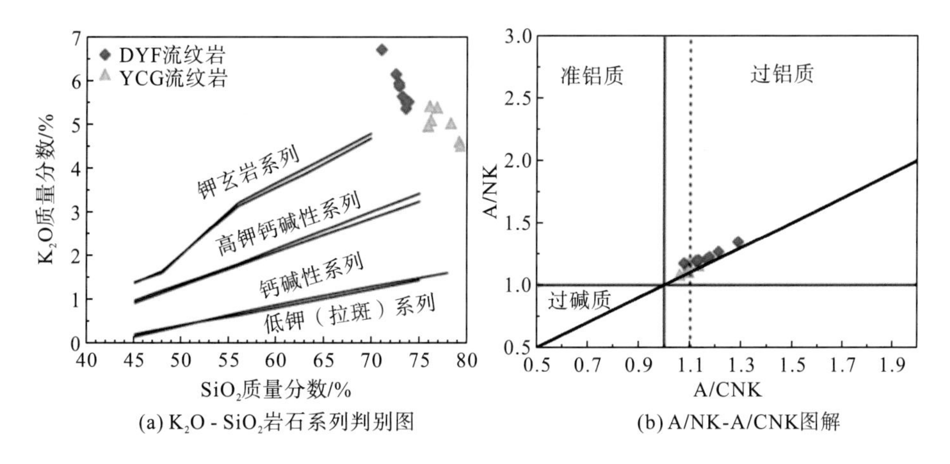

(a) K_2O - SiO_2岩石系列判别图　　(b) A/NK-A/CNK图解

图 4-23　扬子地块西缘苏雄组流纹岩性质判别图解

(底图据 Peccerillo and Taylor，1976；Maniar and Piccoli，1989；Middlemos，1994)

为 1.48～2.22；相比而言 CaO (0.1%～0.52%)、MgO (0.06%～0.59%)、FeO^T (1.26%～3.92%) 和 P_2O_5 (0.01%～0.02%) 的含量则较低。其中 A/CNK=2.0 (1.41～1.62)，A/NK=1.7 (1.06～1.29)，里特曼指数 σ=2.0 (1.30～2.60)，$Mg^\#$为 39.0～41.5。

在 SiO_2-(Na_2O+K_2O) 岩石分类图解 (图 4-24) 中，所有样品投点均落入流纹岩区域内；在 K_2O-SiO_2 岩石系列判别图[图 4-25 (a)]中显示样品落在高钾钙碱性-钾玄性过渡的区域；在 A/NK-A/CNK 图[图 4-25 (b)]中显示样品投点落到了弱过铝质花岗岩区内。因此石棉花岗岩属于弱过铝质的高钾钙碱性-钾玄性花岗岩。

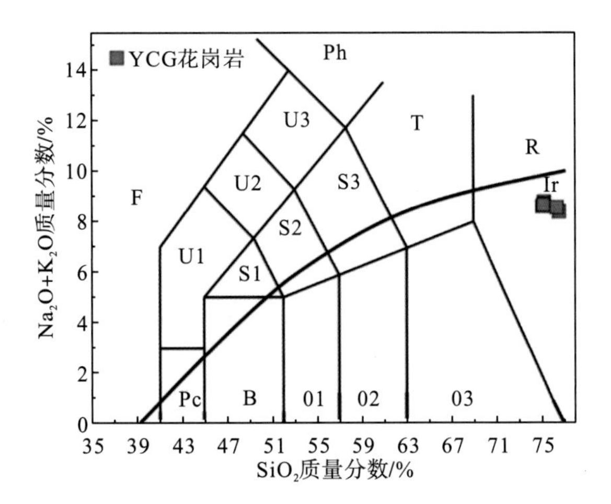

图 4-24 扬子地块西缘苏雄组流纹岩 SiO_2-(Na_2O+K_2O)岩石分类图解

(底图据 Middlemost，1994)

Pc. 苦橄玄武岩；B. 玄武岩；01. 玄武安山岩；02. 安山岩；03. 英安岩；R.流纹岩；S1. 粗面玄武岩；S2. 玄武质粗面安山岩；S3. 粗面安山岩；T. 粗面岩、粗面英安岩；F. 副长石岩；U1. 碱玄岩、碧玄岩；U2. 响岩质碱玄岩；U3. 碱玄质响岩；Ph. 响岩；Ir. Irvine 分界线，上方为碱性，下方为亚碱性

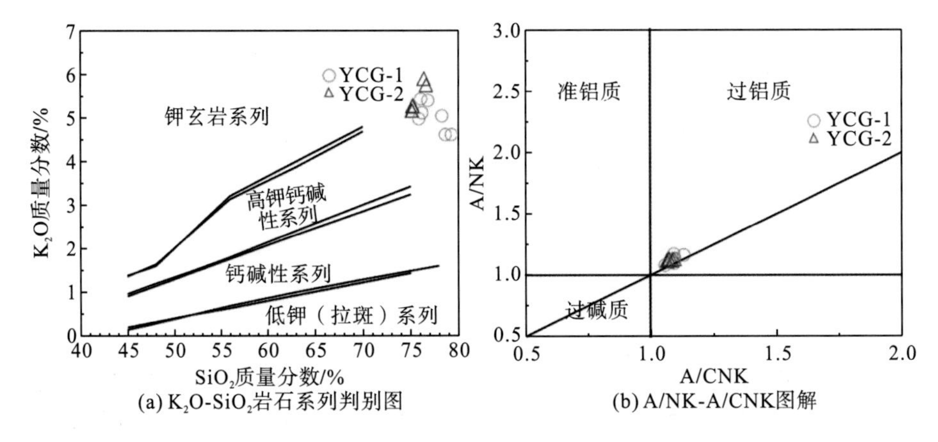

图 4-25 扬子地块西缘苏雄组流纹岩性质判别图解

(底图据 Maniar and Piccoli，1989；Peccerillo and Taylor，1976；Middlemos，1994)

4.3.5 莫家湾花岗岩体

本次研究共计对 8 块所采集的莫家湾花岗岩样品进行主量元素测试分析，编号分别为 MJW-1、MJW-2、MJW-3、MJW-4、MJW-5、MJW-6、MJW-12、MJW-13。莫家湾花岗岩体拥有较高的 SiO_2(72.8%～74%)、Al_2O_3(14.2%～14.5%)和全碱 Na_2O+K_2O(6.52%～7.38%)，而莫家湾花岗岩体的 MgO(0.41%～0.58%)、P_2O_5(0.03%～0.07%)、CaO(0.68%～1.7%)相对较低。其中 A/NK 为 1.4～1.5，A/CNK

为 1.13～1.24，均大于 1.0，为过铝质花岗岩；里特曼指数 σ 为 1.41～1.79，均大于 1.4，为钙碱性花岗岩系列(Irvine and Baragar，1971)，$Mg^{\#}$为 28.1～31.9，锆石结晶温度(T_{Zr})为 751～777℃(Watson and Harrison，1983)，同时烧失量较低，为 1.25%～1.81%，说明样品较为新鲜，测试结果真实可靠。

在 SiO_2-K_2O 图解[图 4-26(a)]中，所有样品均位于钙碱性区域中；在 A/NK-A/CNK 图解[图 4-26(b)]中，所有样品的铝饱和指数均大于 1，属过铝质系列。结合第 3 章内容(岩石、岩相学特征)，最终莫家湾花岗岩体的定名为钙碱性过铝质二长花岗岩。

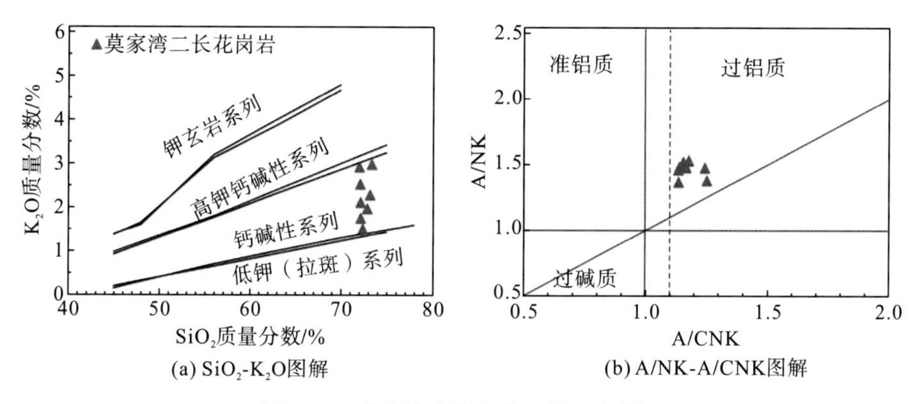

图 4-26 莫家湾花岗岩体主量元素特征

(底图据 Peccerillo and Taylor，1976；Middlemost，1994)

4.3.6 瓜子坪花岗岩体

本次研究共计对 8 块所采集的瓜子坪花岗岩样品进行主量元素测试分析，编号为 GZP-3 至 GZP-10。瓜子坪花岗岩体拥有较高的 SiO_2(67.65%～73.43%)、Al_2O_3(13.88%～15.7%)和全碱 Na_2O+K_2O(6.91%～7.47%)，而瓜子坪花岗岩体的 MgO(0.49%～1.2%)、P_2O_5(0.06%～0.23%)、CaO(1.82%～3.16%)相对较低。

其中 A/NK 为 1.39～1.61，A/CNK 为 1.00～1.05，均大于等于 1.0，为过铝质花岗岩；里特曼指数 σ 为 1.82～2.14，均大于 1.8，为钙碱性花岗岩系列(Irvine and Baragar，1971)，$Mg^{\#}$为 25.1～32.3，锆石结晶温度(T_{Zr})为 772.87～816.01℃(Watson and Harrison，1983)，同时烧失量较低，为 0.51%～1.15%，说明样品较为新鲜，测试结果真实可靠。

在 R_1-R_2 深成岩判别图解[图 4-27(b)]中，8 个样品都投在了花岗闪长岩区域；在岩石学分类图解[图 4-27(a)]中，所有样品均投在了花岗岩区域；在 SiO_2-K_2O 图解[图 4-27(e)]中，所有样品均位于高钾钙碱性区域中；在 A/NK-A/CNK 图解[图 4-27(c)]中，所有样品的铝饱和指数均大于 1，属于过铝质系列。

同时结合瓜子坪花岗岩体的手标本特征：瓜子坪花岗岩体风化面为黄褐色，新鲜面为灰白色，块状构造，似斑状结构。主要组成矿物成分分别是石英(≈25%)、斜长石(≈45%)、碱性长石(正长石)(≈20%)、角闪石(≈5%)、绿帘石(≈3%)、绿泥石(≈2%)；副矿物主要由锆石、少量磁铁矿、榍石以及褐帘石等组成，最终将瓜子坪花岗岩体定名为高钾钙碱性过铝质花岗闪长岩。

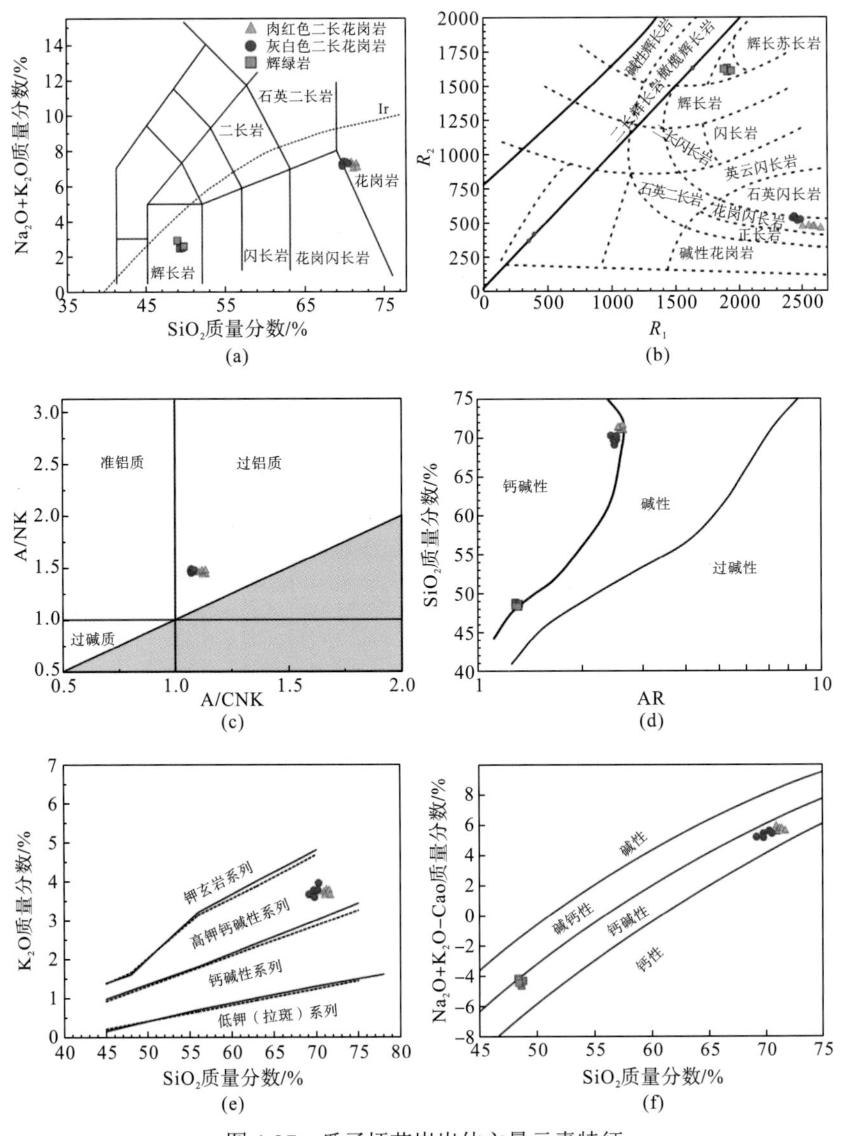

图 4-27　瓜子坪花岗岩体主量元素特征

(a) TAS 全碱图(底图据 Middlemost，1994)；(b) R_1-R_2 图，R_1=4Si−11(Na+K)−2(Fe+Ti)，R_2=Al+2Mg+6Ca(底图据 Roche et al.,1980)；(c) Al_2O_3/($CaO+Na_2O+K_2O$)-Al_2O_3/(Na_2O+K_2O)图(底图据 Maniar 和 Piccoli，1989)；(d) SiO_2-AR 图(底图据 Wright，1969)；(e) SiO_2-K_2O 图(底图据 Peccerillo 和 Taylor，1976)；(f) (Na_2O+K_2O-CaO)-SiO_2 图(底图据 Frost et al.，1999)

4.4　微量和稀土元素特征

本书使用的微量和稀土元素数据是在澳实分析检测(广州)有限公司测得，所测样品均提前碎至 200 目以下。微量元素和稀土元素的分析方法为 ICP-MS (ElanDRC-e)，具体流程如下。称取 50mg 的样品，将其放入密封高压溶样器，加入 1mL 浓 HF 以及 0.5mL 浓 HNO_3，在低温电热板上蒸干以确保绝大多数的 SiO_2 被去除，然后将其取下并冷却。加入 1mL 浓 HF 以及 1mL 浓 HNO_3，对其进行密封处理，然后将其置于 200℃的烘烤箱中加热分解 12h 以上，后取出并冷却至室温，解除封闭，加入 0.5mL 的 1μg/mL 的 Rh 内标溶液，然后放在电热板上对其再次加热至无水分，结束后加入 1mL 的 HNO_3 再对其进行蒸干，整个过程重复一次，最后的残渣放入 6mL 40%的 HNO_3 溶液中，并保证其在 140℃的温度下进行密闭溶解 3h，然后取出样品，冷却后将溶液进行转移，放入 50mL 塑料试管中，待测样品、空白样品的处理方式同上。后文将按照岩体的不同，分别对岩体微量和稀土元素特征进行详细描述。

4.4.1　灯杆坪花岗岩体

在稀土元素球粒陨石标准化图解[图 4-28(a)]中，黑云母二长花岗岩的稀土总量为 69.4×10^{-6}～97.6×10^{-6}，稀土元素标准化曲线为右倾型，具有强烈的富集轻稀土和亏损重稀土的特征，同时 LREE/HREE(9.9～14.6)和 $(La/Yb)_N$(10.5～17.2)较高；曲线连续无突变，未出现 δEu 与 δCe 的正或负异常。而在微量元素蛛网图[图 4-29(a)]中，黑云母二长花岗岩相对富集 Rb、Ba、Th、U 和 K 元素，亏损 Nb、Ta、P 和 Ti 元素，分布曲线整体呈现大离子亲石元素端隆起与高场强元素端平缓的特征。

在稀土元素球粒陨石标准化图解[图 4-28(a)]中，钾长花岗岩与黑云母正长花岗岩和黑云母二长花岗岩存在明显不同，其稀土总量偏高(86.6×10^{-6}～151.9×10^{-6})，曲线右倾但较为平缓，轻重稀土的富集与亏损的程度也明显比前两者偏低[$(La/Yb)_N$为 5.3～9.0]；并且出现严重的 δEu 负异常(δEu 为 0.3～0.5)，说明在形成的过程中，钾长花岗岩可能经历了明显的分离结晶作用或者其源区存在大量的斜长石残留。在微量元素蛛网图[图 4-29(a)]中，钾长花岗岩的微量元素分布与前两者具有明显差异。Sr、P 和 Ti 元素表现为强烈的亏损，Nb 与 Ta 出现比前两者较弱的亏损，除此之外 Th、U、Zr、Hf 和部分稀土元素(Sm、Eu、Y、Yb 和 Lu)要高于前两者。

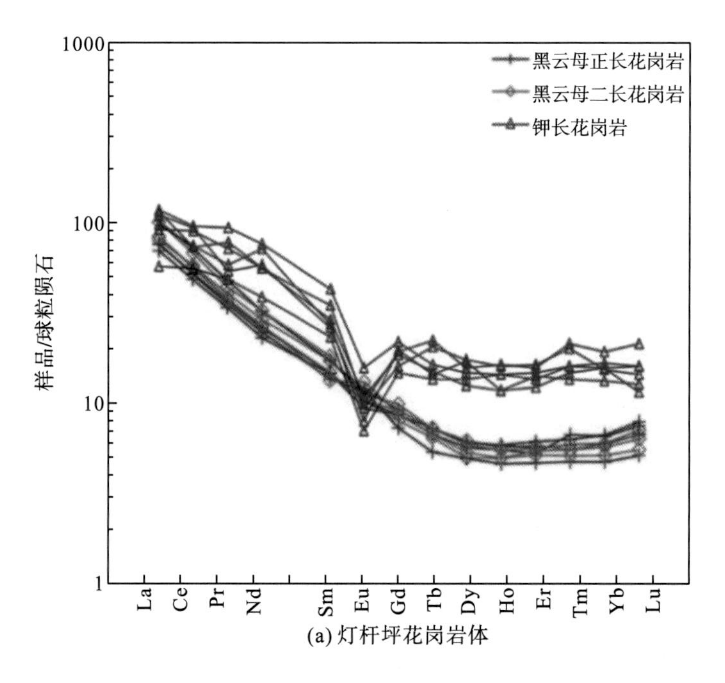

(a) 灯杆坪花岗岩体

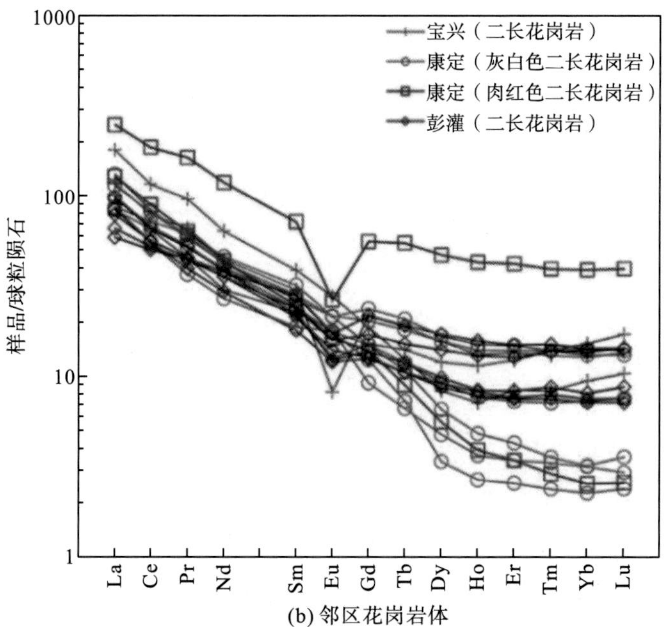

(b) 邻区花岗岩体

图 4-28 灯杆坪花岗岩稀土元素球粒陨石标准化分布形式图

(球粒陨石元素含量据 Sun and McDonough，1989)

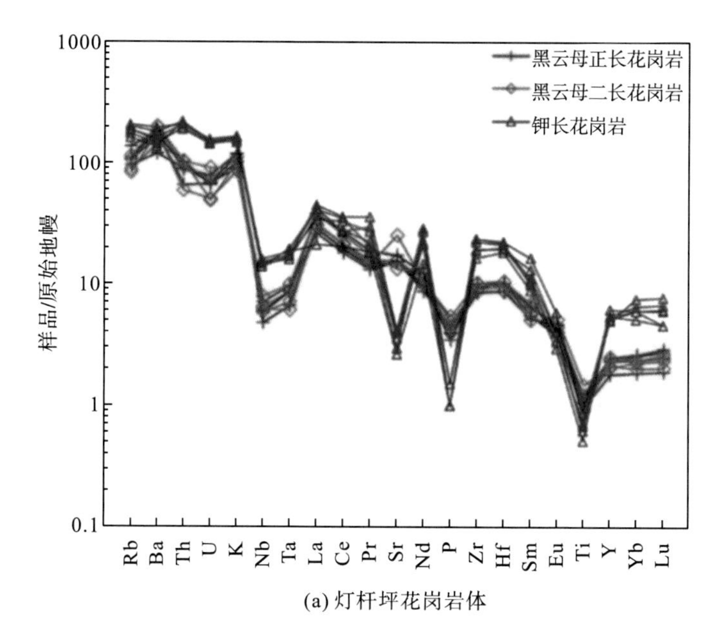

(a) 灯杆坪花岗岩体

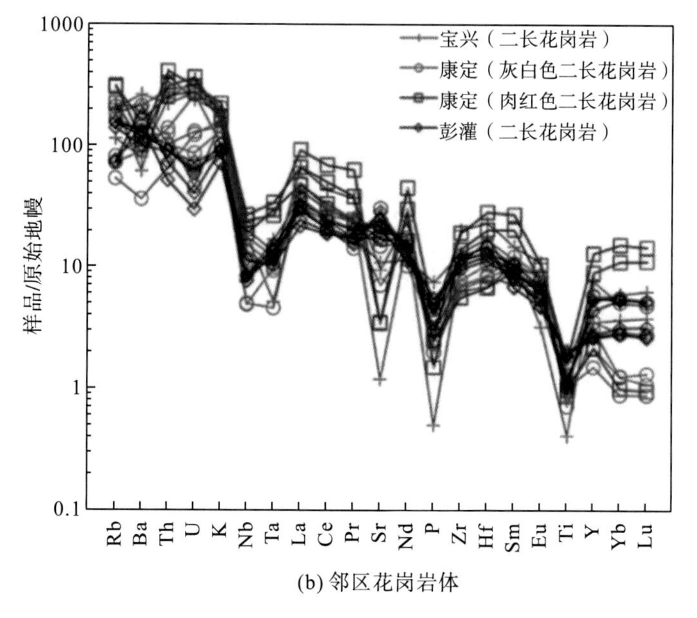

(b) 邻区花岗岩体

图 4-29　灯杆坪花岗岩微量元素原始地幔标准化蛛网图

（原始地幔元素含量据 Sun and McDonough，1989）

4.4.2 峨眉山花岗岩体

1. 灰白色二长花岗岩

灰白色二长花岗岩全岩微量元素分析结果显示样品相对富集大离子亲石元素(large ion lithophile element，LILE)，如 K、Rb、Sr、Ba 元素等，而相对亏损 Hf、Ti、Nb、Ta、Th、Eu 等高场强元素(high field-strength element，HFSE)，但 Zr 元素较为富集；从整体来看，灰白色二长花岗岩中，Ba、Nb、Sr、P 和 Ti 元素相对亏损[图 4-30(a)]。该岩体的稀土总量较为稳定，ΣREE 为 242.48×10^{-6}～278.02×10^{-6}，ΣLREE/ΣHREE 为 7.07～8.77，$(La/Yb)_N$ 为 7.38～9.80，这说明峨眉山二长花岗岩相对富集轻稀土，而亏损重稀土，且轻稀土与重稀土的分异程度较大，同时具有 Ce 负异常，δCe 为 0.98～0.99，表明轻稀土元素内部分馏较强(Watson and Harrison，1983)。稀土元素球粒陨石标准化图解[图 4-30(b)]显示稀土元素分布曲线均向右倾斜，呈现明显的“海鸥”形特征，同时具明显负 Eu 异常(δEu＝0.43～0.49)，表明斜长石结晶分异作用较强。

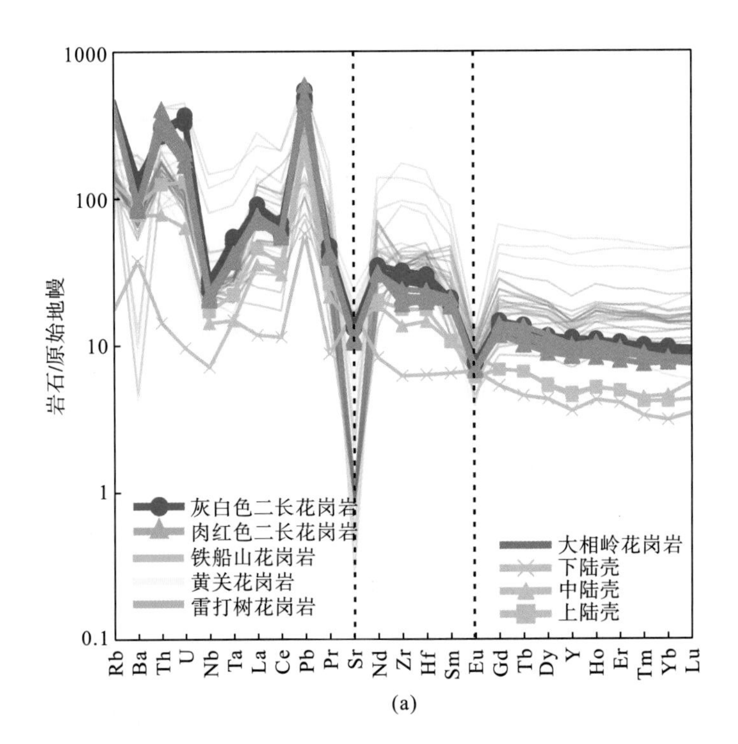

(a)

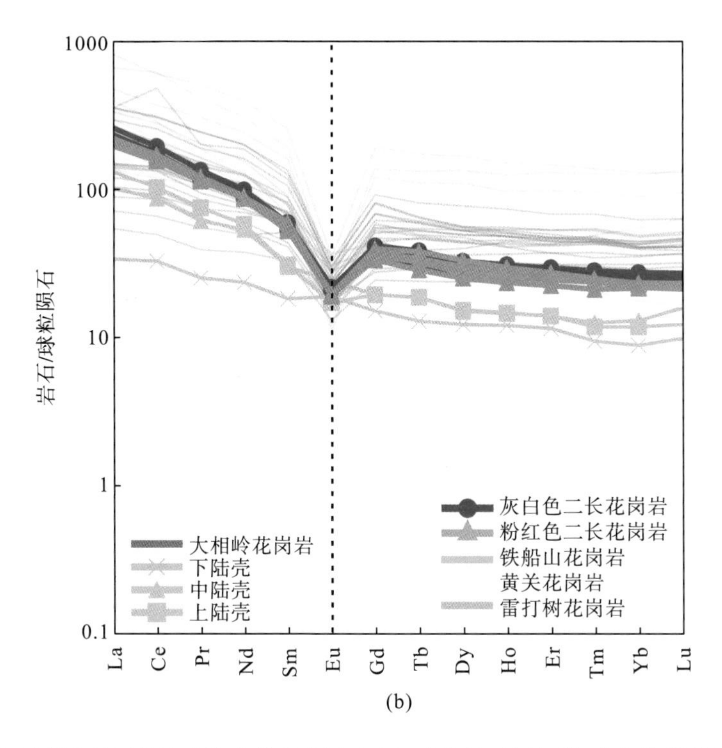

图 4-30　(a)峨眉山地区张沟花岗岩样品微量元素标准化蛛网图解(标准化数据来源于 Sun and McDonough，1989)；(b)峨眉山地区张沟花岗岩样品稀土元素球粒陨石标准化图解(标准化数据来自 Sun and McDonough，1989；下、中、上陆壳数据来源于 Rudnick and Gao，2003)

2. 肉红色二长花岗岩

肉红色二长花岗岩样品相对富集大离子亲石元素(LILE)，如 K、Rb、Sr、Ba 元素等，而相对亏损 Hf、Ti、Nb、Ta、Th、Eu 等高场强元素(HFSE)，但 Zr 元素较为富集；从整体来看，肉红色二长花岗岩中 Ba、Nb、Sr、P 和 Ti 元素相对亏损[图 4-31(a)]。该岩体的稀土总量较为稳定，ΣREE 为 229.41×10^{-6}～244.80×10^{-6}，ΣLREE/ΣHREE 为 6.95～8.84，$(La/Yb)_N$ 为 7.92～9.61，这说明峨眉山二长花岗岩相对富集轻稀土，而亏损重稀土，且轻稀土与重稀土的分异程度较大，同时具有 Ce 负异常，δCe 为 0.98～0.99，说明轻稀土元素内部分馏较强(Watson and Harrison，1983)。稀土元素球粒陨石标准化图解[图 4-31(b)]显示稀土元素分布曲线均向右倾斜，呈现明显的“海鸥”形特征，同时具明显负 Eu 异常(δEu＝0.40～0.46)，表明斜长石结晶分异作用较强。

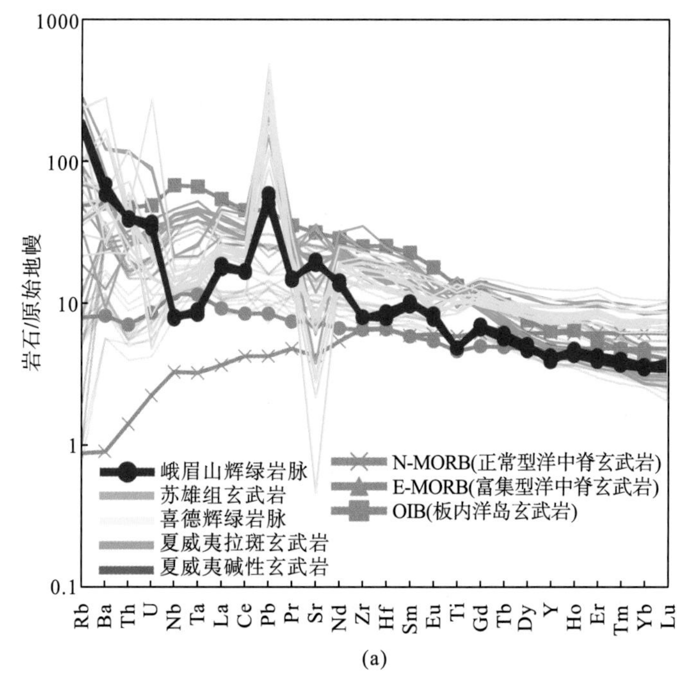

(a)

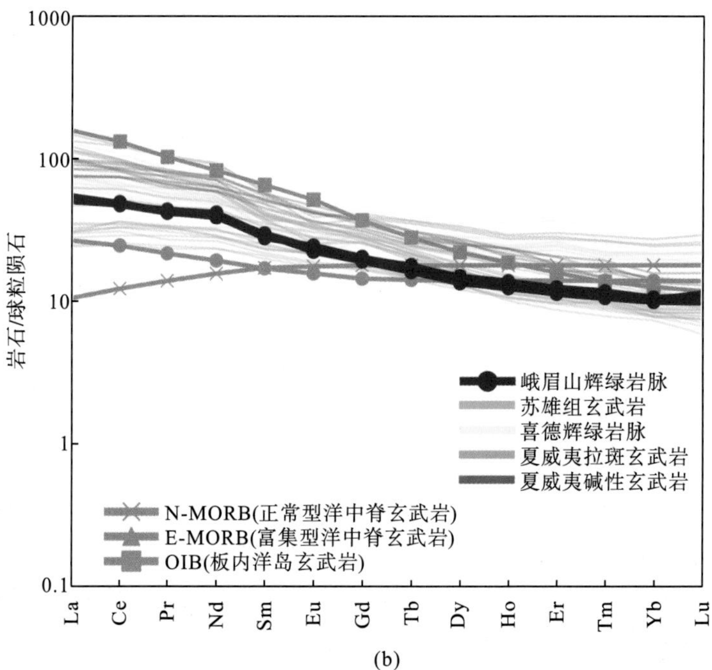

(b)

图 4-31 (a)峨眉山地区张沟辉绿岩岩脉样品微量元素标准化蛛网图解(标准化数据来自 Sun and McDonough，1989)；(b)峨眉山地区张沟花岗岩样品稀土元素球粒陨石标准化图解(据 Sun and McDonough，1989)

4.4.3　苏雄组流纹体

在稀土元素球粒陨石标准化图解[图 4-32(a)、(b)]中，苏雄组流纹岩的稀土总量为 67.4×10^{-6} ～ 403.8×10^{-6}，大岩房流纹岩稀土元素标准化曲线呈现出向右倾斜的特征，具有强烈的轻稀土富集和重稀土亏损的特征，具有变化幅度较大的 LREE/HREE(1.77～10.11)和$(La/Yb)_N$(0.89 ～11.46)。

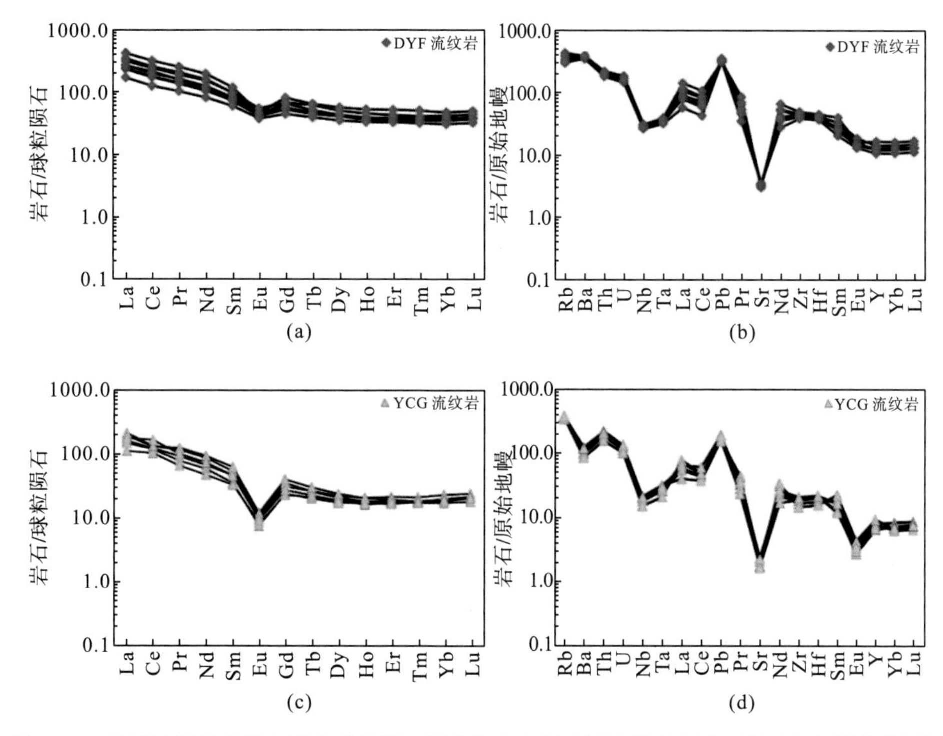

图 4-32　苏雄组流纹岩稀土元素球粒陨石标准化分布形式图及微量元素原始地幔标准化蛛网图
(标准化数据来自 Sun and McDonough，1989)

大岩房流纹岩未出现 δEu 与 δCe 的正或负异常(δEu 为 2.38～3.12)。而在微量元素蛛网图[图 4-32(a)]中，苏雄组流纹岩相对富集 Rb、Th、U 和 La 元素，大岩房流纹岩相对亏损 Ba、K、Sr、P 和 Ti 元素。分布曲线整体呈现大离子亲石元素隆起与高场强元素平缓的特征。

4.4.4　石棉花岗岩体

从稀土元素球粒陨石标准化图解[图 4-33(a)、(b)]中可以看出石棉花岗岩的

稀土总量为 223.97×10^{-6}～369.74×10^{-6}，石棉花岗岩稀土元素标准化曲线向右倾斜，表现出轻稀土富集和重稀土亏损的特征，具有变化幅度较大的 LREE/HREE（1.77～10.11）和$(La/Yb)_N$（0.89～11.46）。

石棉花岗岩显示出δEu负异常（δEu为0.1～0.13），说明岩体在形成的过程中可能经历了明显的分离结晶作用或者其源区存在大量的斜长石残留。石棉花岗岩相对亏损Ba、K、Sr、P和Ti元素，分布曲线整体呈现大离子亲石元素隆起与高场强元素平缓的特征。微量元素蛛网图解显示，大离子亲石元素（LILE）Rb、Pb和高场强元素（HFSE）Th、U相对富集，Ba、Sr、Eu相对亏损（图4-33）。

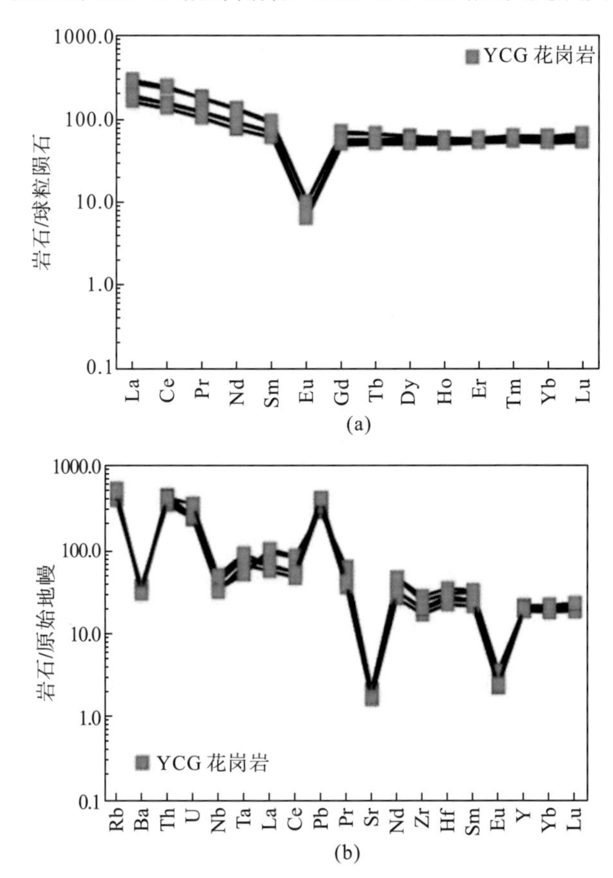

图4-33 石棉花岗岩稀土元素球粒陨石标准化分布形式图及微量元素原始地幔标准化蛛网图

（球粒陨石元素含量据 Sun and McDonough，1989）

4.4.5 莫家湾花岗岩体

本书共计对8块所采集的莫家湾花岗岩样品进行微量元素测试分析，编号分别为MJW-1、MJW-2、MJW-3、MJW-4、MJW-5、MJW-6、MJW-12、MJW-13。

莫家湾二长花岗岩体总体表现为稀土含量跨度较小(ΣREE 为 102×10^{-6}～133×10^{-6})，轻重稀土比值较低(LREE/HREE 为 12.3～14.5)，表现出轻稀土右倾、重稀土平坦的配分模式[图 4-34(a)]。

莫家湾二长花岗岩体富集轻稀土相对亏损重稀土元素，轻稀土元素分馏明显[$(La/Yb)_N$为 14.1～20.5]，且重稀土元素无明显分馏[$(Gd/Yb)_N$为 1.61～2.19]。样品可见明显的负 Eu 异常(δEu=07～0.78)，指示了斜长石的结晶分异作用[图 4-34(a)]。莫家湾岩体富集 K、Rb、Cs、Ba 等大离子亲石元素，相对亏损高场强元素(Nb、Ta、Hf、U、Th、HREE、Ce 等)；从整体变化趋势来看，莫家湾二长花岗岩体相对亏损 Nb、Ta、P、Yb、Ti 和 HREE 等元素[图 4-34(b)]。

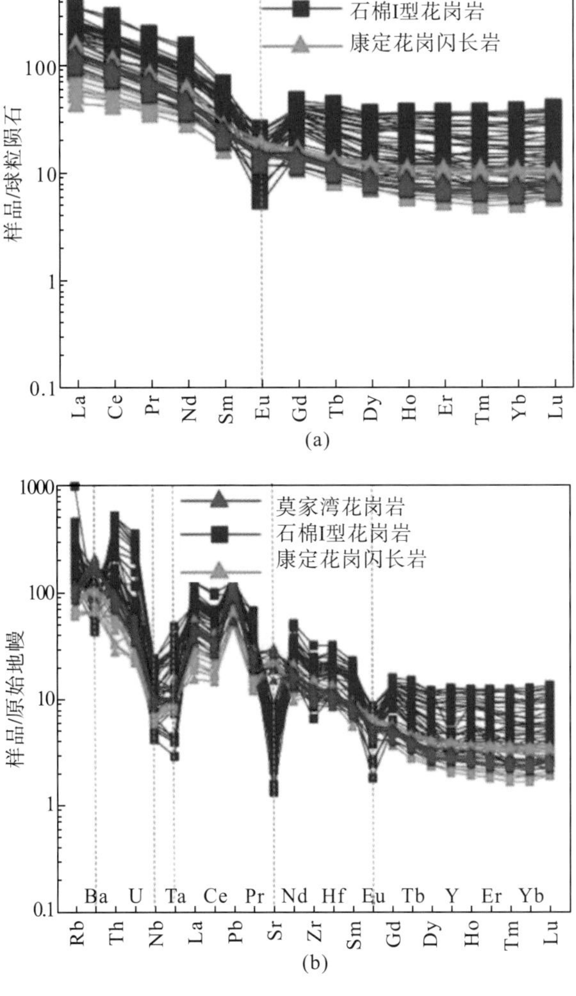

图 4-34　莫家湾花岗岩体稀土元素配分模式图和微量元素标准化蛛网图

(标准化数据来自 Sun and McDonough，1989)

4.4.6 瓜子坪花岗岩体

本书共计对 8 块所采集的瓜子坪花岗岩样品进行微量元素测试分析，编号分别为 GZP-3、GZP-4、GZP-5、GZP-6、GZP-7、GZP-8、GZP-9、GZP-10。

瓜子坪花岗闪长岩体总体表现为稀土含量跨度较大(ΣREE 为 137×10^{-6}～286×10^{-6})，轻重稀土比值较低(LREE/HREE 为 11.76～21.59)，具有轻稀土右倾、重稀土平坦的配分模式特征。瓜子坪花岗闪长岩体富集轻稀土相对亏损重稀土元素，轻稀土元素分馏明显[$(La/Yb)_N$ 为 12.7～25.5]，且重稀土元素无明显分馏[$(Gd/Yb)_N$为 1.17～1.56]。部分样品可见明显的负 Eu 异常(δEu 为 0.63～1.2)，指示了斜长石的结晶分异作用[图 4-35(a)]。

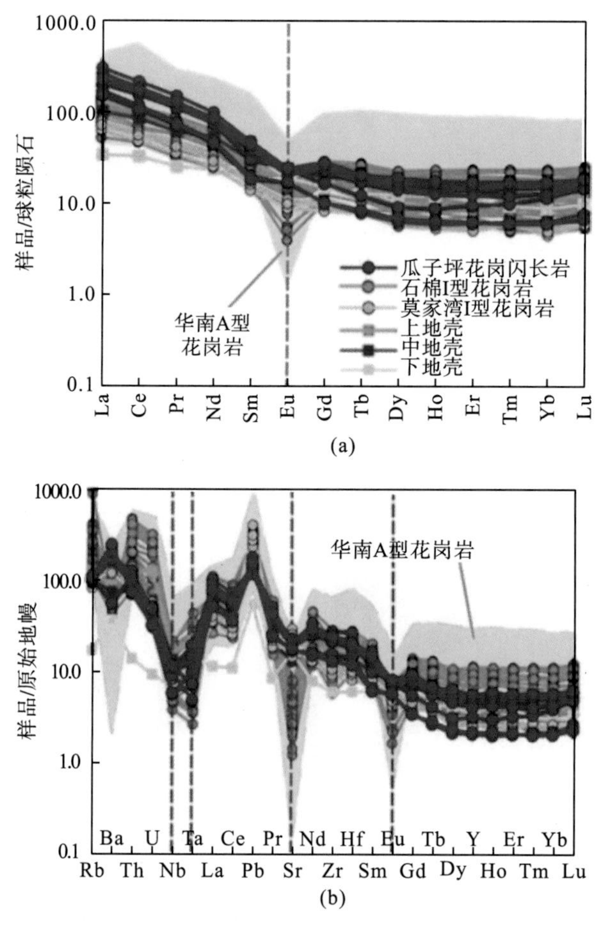

图 4-35 瓜子坪花岗闪长岩体稀土元素配分模式图和微量元素标准化蛛网图

(标准化数据来自 Sun and McDonough，1989；上、中、下地壳数据来自 Rudnick and Gao，2003)

瓜子坪岩体富集大离子亲石元素(K、Rb、Cs、Ba 等)，相对亏损高场强元素(Nb、Ta、Hf、U、Th、HREE、Ce 等)；从整体变化趋势来看，瓜子坪花岗闪长岩体相对亏损 Nb、Ta、P、Yb、Ti 和 HREE 等元素[图 4-35(b)]。

第5章　岩石成因与岩浆源区

5.1　岩 石 成 因

花岗岩是陆壳的重要组成部分，因此正确地判别花岗岩的成因类型对研究岩浆演化、大地构造、板块运动和壳幔演化是非常重要的，是研究花岗岩成因及其地质意义的重要基础(张旗，2010a)。花岗岩的性质和类别的划分一直是国内外地质学家研究的热点，经过几十年的研究，现在有二十多种花岗岩划分方法。但是随着地球科学的不断完善和发展，很多花岗岩类型判别方式都被证实有各自的局限性，所以现在被国内外地质学者广泛接受和使用的判别方式只有几种，其中应用最广泛的为I-S-M-A四分法(Chappell，1974；White，1979；Loiselle and Wones，1979)。但是高分异I型花岗岩与A型花岗岩之间具有十分相似的地球化学特征，如高Si、高碱、高Rb/Sr、低Fe、低Ti、低Mn、低P等，因此高分异I型花岗岩与A型花岗岩无法区分开来。有研究者提出了更详细的区分图，如(Zr+Nb+Ce+Y)-(FeO^T/MgO)和(Zr+Nb+Ce+Y)-(Na_2O+K_2O/CaO)判别图解、基于(10000Ga/Al)与(Na_2O+K_2O)、(FeO^T/MgO)、Nb和Zr的判别图解等，以此来更准确地对花岗岩类型进行定义。

扬子西缘新元古代典型酸性岩体主要为A型花岗岩和I型花岗岩，其中A型花岗岩有峨眉山花岗岩、苏雄组流纹岩、石棉花岗岩；I型花岗岩有灯杆坪花岗岩、莫家湾花岗岩、瓜子坪花岗岩。判断依据如下所述。

5.1.1　A型花岗岩

峨眉山花岗岩由典型的A型花岗岩矿物组成，为石英＋镁铁质暗色矿物(富Fe)＋碱性长石＋斜长石(张旗等，2012)，并具有较高的10000Ga/Al值，同时峨眉山花岗岩还具有较高的Zr+Nb+Ce+Y值，进一步指示了A型花岗岩的特征(Chappell，1974)。由图5-1(a)～图5-1(f)可以看到，所有峨眉山花岗岩点位均落在A型花岗岩区域，指示峨眉山花岗岩为A型花岗岩。A型花岗岩通常产出于非造山环境(A1)和造山后的伸展拉张环境与板内裂谷环境(A2)(Sylvester，1989)。同时在图5-1(g)～图5-1(i)中，所有点位均落在A2(PA)区域，表示峨眉山二长花岗岩为 A 型花岗岩，同时产于后造山过程中。张旗等(2012)认为投点图仅区分出 A 型花岗岩以及非 A 型花岗岩，并不能准确地对 A 型以及 I 型、S 型、M 型花岗岩进行区分。A 型花岗岩最重要的地球化学特征是富 SiO_2、Na_2O、K_2O，贫 Al_2O_3、CaO、MgO、Sr、Ba、Eu、Ti 和 P，$(K_2O+Na_2O)/Al_2O_3$ 和 FeO^T/MgO 值高，Ga/Al 值高，REE 配分曲线分布具明显的负 Eu 异常(Collins et al.，1982；Whalen et al.，1987)，其中最显著的特征就是贫 Al 和 Sr，A 型花岗岩是所有花岗岩中 Sr 含量最低的，同时 Al_2O_3 含量通常在 14%以下。通过以上分析，并将扬子地块 A 型花岗岩与峨眉山二长花岗岩进行对比，可以判断出峨眉山张沟二长花岗岩为典型的 A 型花岗岩。

苏雄组流纹岩和石棉花岗岩均为弱铝质-过铝质的高钾钙碱性-钙碱性系列的花岗岩，铝饱和指数 ASI 偏低(1.2～1.6，平均值为 1.4)，首先排除掉 S 型花岗岩(沉积岩改造形成的花岗岩类)的可能(Chappell and White，2001)。根据微量元素 Ga 和若干主量元素构成的(10000Ga/Al)-(Na_2O+K_2O)花岗岩类型判别图解[图 5-1(a)、图 5-1(f)]以及微量元素 Ga、Nb 和 Zr 之间的(10000Ga/Al)-Nb 花岗

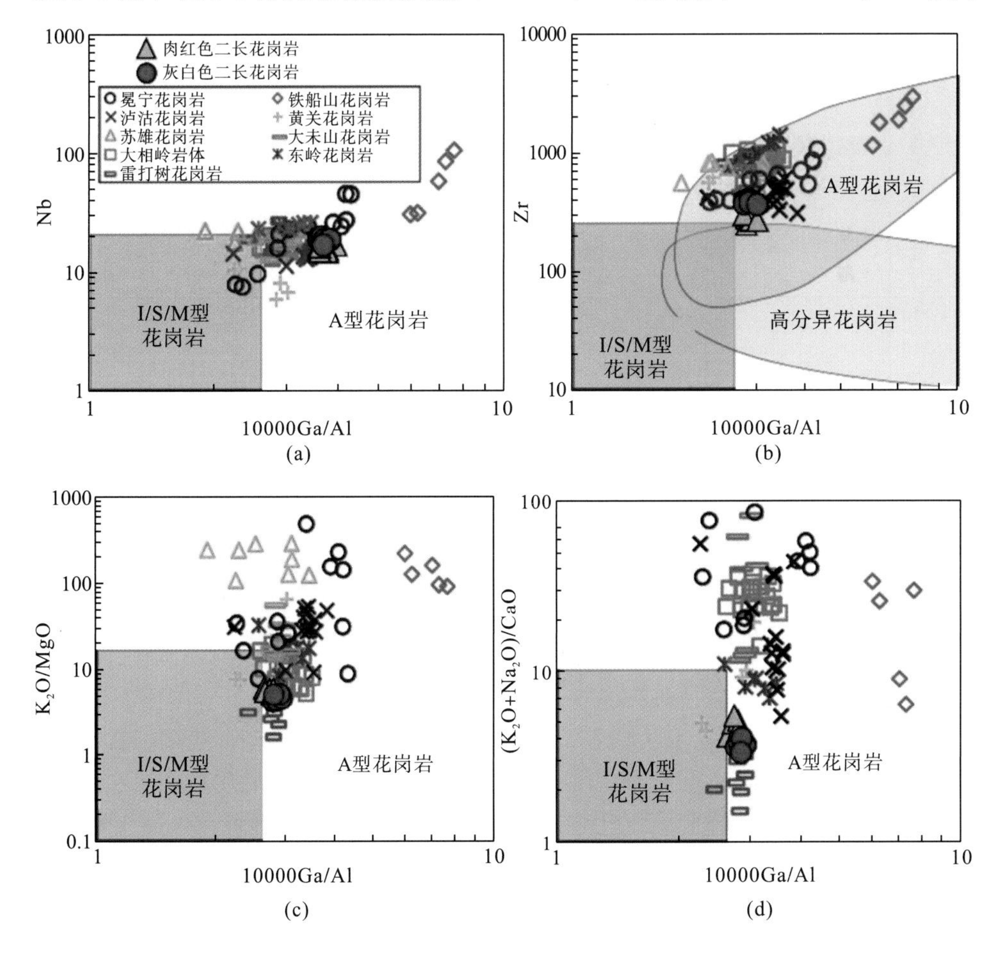

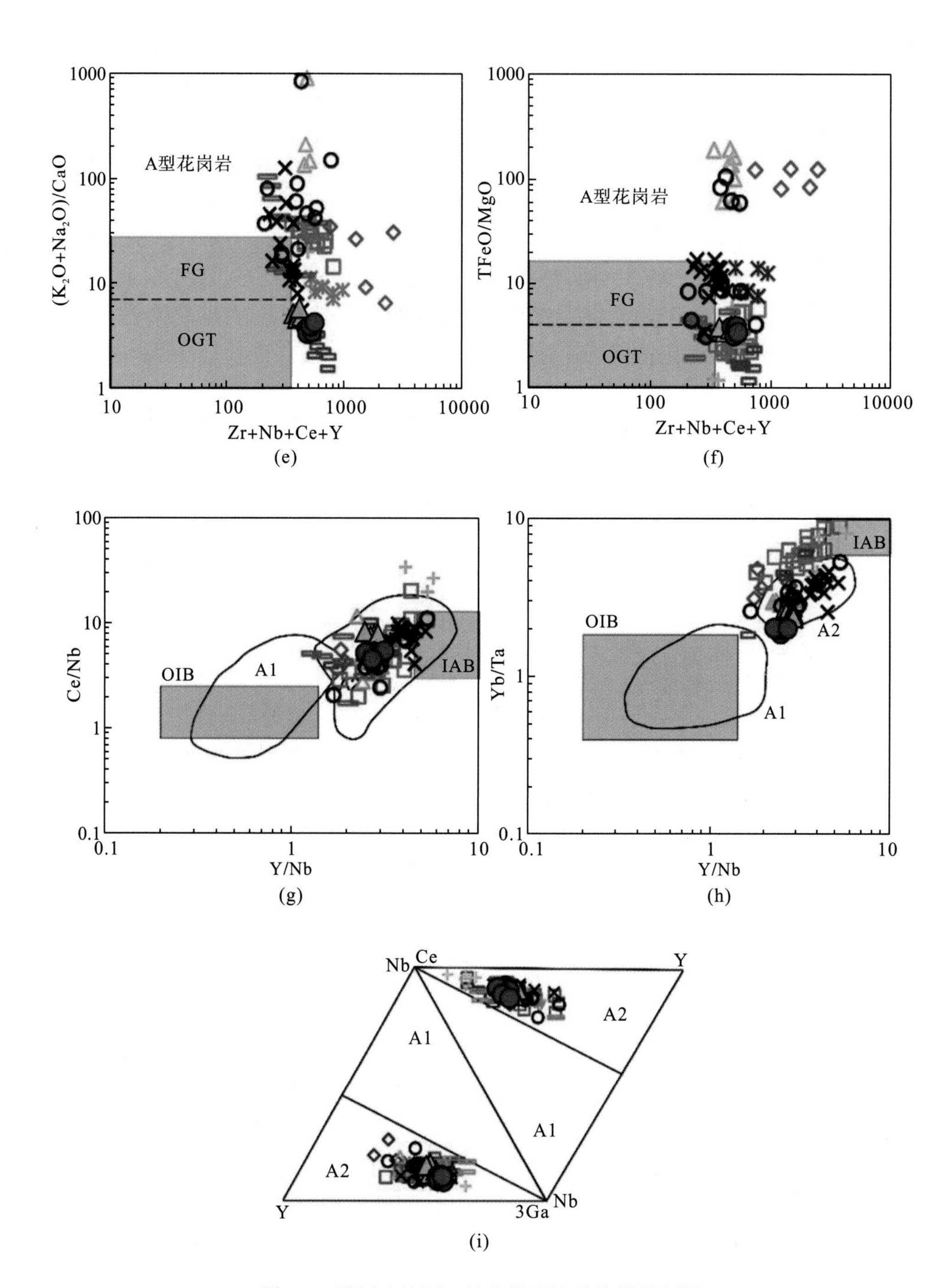

图 5-1 峨眉山地区二长花岗岩地球化学鉴别图

（底图据 Whalen et al.，1987；图中点位为华南地区部分 A 型花岗岩，数据来源于 Huang et al.，2008；Wu M L et al.，2012；Yan et al.，2017；Zhao J H et al.，2008；Liu Z et al.，2019；Huang et al.，2018）（其中 FG. 高分异花岗岩；OGT. 未分异 I 型、S 型和 M 型花岗岩）

岩类型判别图解(图 5-2)的投图结果，显示苏雄组流纹岩和石棉花岗岩均落入 A 型花岗岩的区域，这也符合上述提到的，苏雄组流纹岩、石棉花岗岩具有石英＋镁铁质暗色矿物(富 Fe)＋碱性长石＋少量或无斜长石的 A 型花岗岩矿物组合(张旗等，2012)，A 型矿物组合再排除掉为 I 型花岗岩的可能指示苏雄组流纹岩和石棉流纹岩均为 A 型花岗岩。在 Nb-Y-3Ga 与 Nb-Y-Ce A 型花岗岩三角判别图解(图 5-3)中，银厂沟与大岩房流纹岩样品的投点均落入 A2 型花岗岩，揭示了当时该地区处于岩石圈拉张减薄的地球动力学背景，该类型岩浆岩通常产生于后碰撞或后造山的构造环境，也产于非造山环境且可能与板内裂谷相关。

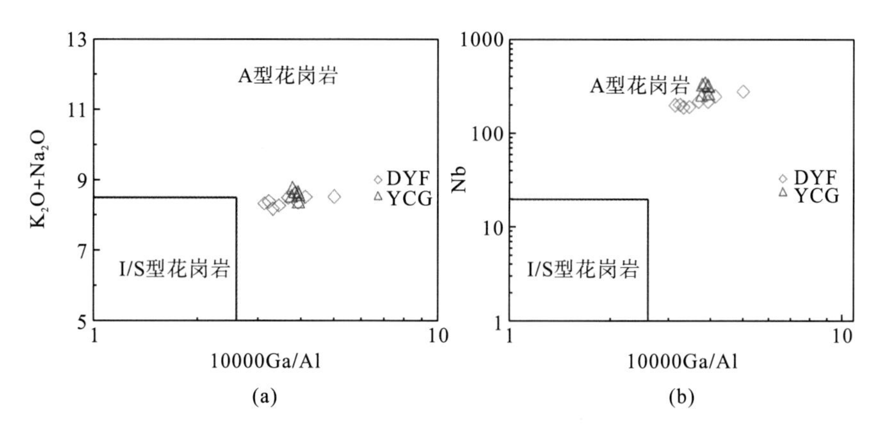

图 5-2　流纹岩岩石类型判别图解

(底图据 Whalen et al.，1987)

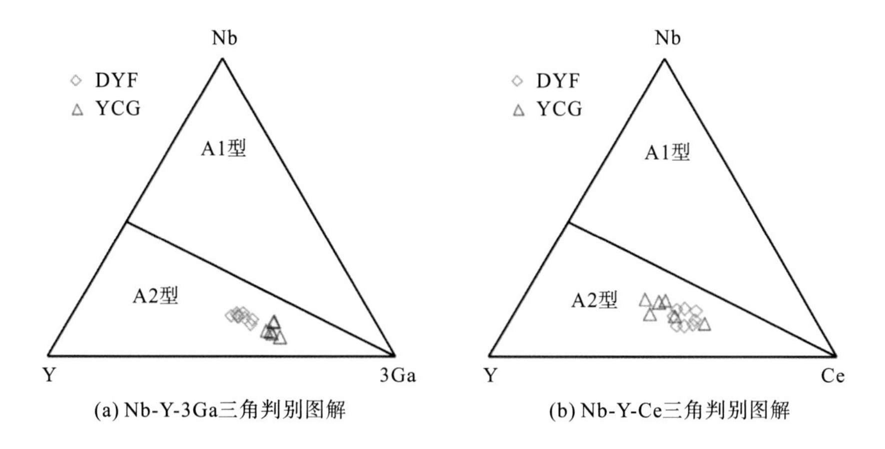

图 5-3　流纹岩岩石类型判别图解

(底图据 Whalen et al.，1987)

5.1.2　I 型花岗岩

灯杆坪花岗岩体为准铝质-过铝质的高钾钙碱性-钙碱性系列的花岗岩，铝饱和指数 ASI 偏低(1.2～1.6，平均值为 1.4)，这与 S 型花岗岩的特征不相符(沉积岩改造形成的花岗岩类)(Chappell and White，2001)。

根据微量元素 Ga 和若干主量元素构成的(10000Ga/Al)-(Na_2O+K_2O)和(10000Ga/Al)-(FeO^T/MgO)花岗岩类型判别图解[图 5-4(a)、图 5-4(b)]以及微量元素 Ga、Nb 和 Zr 之间的(10000Ga/Al)-Nb 和(10000Ga/Al)-Zr 花岗岩类型判别图解[图 5-4(c)、图 5-4(d)]的投图结果，显示灯杆坪花岗岩体的花岗岩均落入 I 型花岗岩的区域，再排除掉为 A 型花岗岩(形成于非造山构造环境的碱性、无水花岗岩类)的可能。

在花岗岩类型判别图解[图 5-4(e)、图 5-4(f)]中，黑云母正长花岗岩样品与黑云母二长花岗岩样品均落入未分异的 I 型花岗岩(岩浆起源的花岗岩类)区域，而正长花岗岩样品更偏向于高分异的 I 型花岗岩区域，其中(Zr+Nb+Ce+Y)-(Na_2O+K_2O/CaO)花岗岩类型判别图解的投图结果可能是正长花岗岩样品 CaO 含量(0.10%～0.12 %)过低导致的。

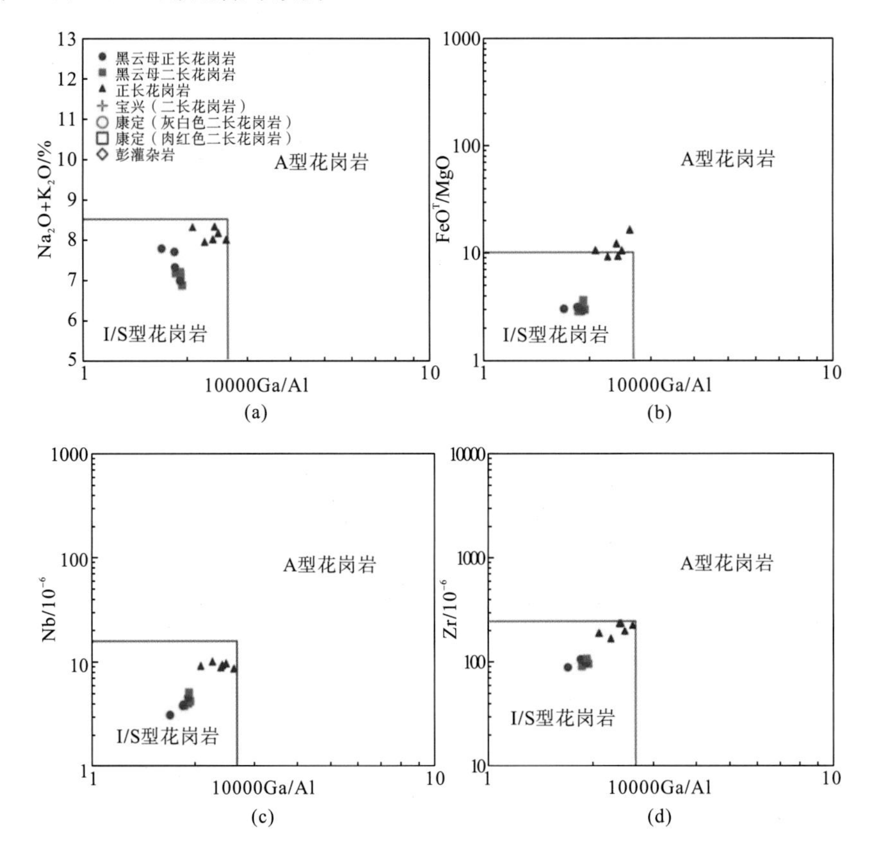

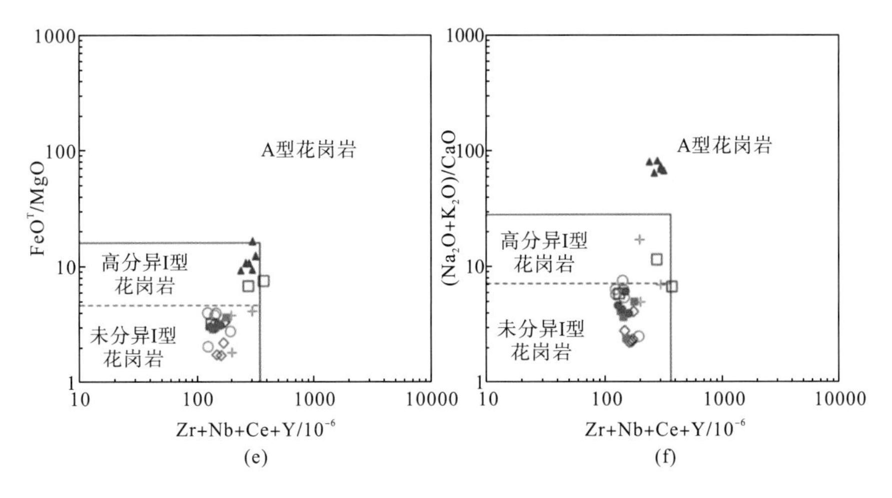

图 5-4　灯杆坪花岗岩岩性判别图解
（底图据 Whalen et al.，1987）

莫家湾二长花岗岩地球化学特征为钙碱性，SiO_2 含量高达 72.8%～74%。这些特征类似于扬子地块西部的 I 型花岗岩，如康定花岗闪长岩和石棉二长花岗岩(Lai et al.，2015；Zhao J H et al.，2008b)。莫家湾二长花岗岩中具有低的 P_2O_5 含量(0.04%～0.08%)，SiO_2 与 P_2O_5 含量负相关以及 Na_2O 与 SiO_2 的负相关指示了 I 型花岗岩的分类[图 5-5(a)、(b)；Cappell and White，1992]。此外，(Zr+Nb+Ce+Y)-(Na_2O+K_2O)/CaO 和 10000Ga/Al-Zr 图解显示莫家湾二长花岗岩投点位于 I 型、S 型和 A 型花岗岩边界[图 5-5(c)、图 5-5(d)；Whalen et al.，1987]。莫家湾岩体的锆石饱和温度为 762～784℃，平均为 773℃，接近 I 型花岗岩的平均温度(781℃)(King et al.，1997)。因此，认为莫家湾二长花岗岩为 I 型花岗岩。

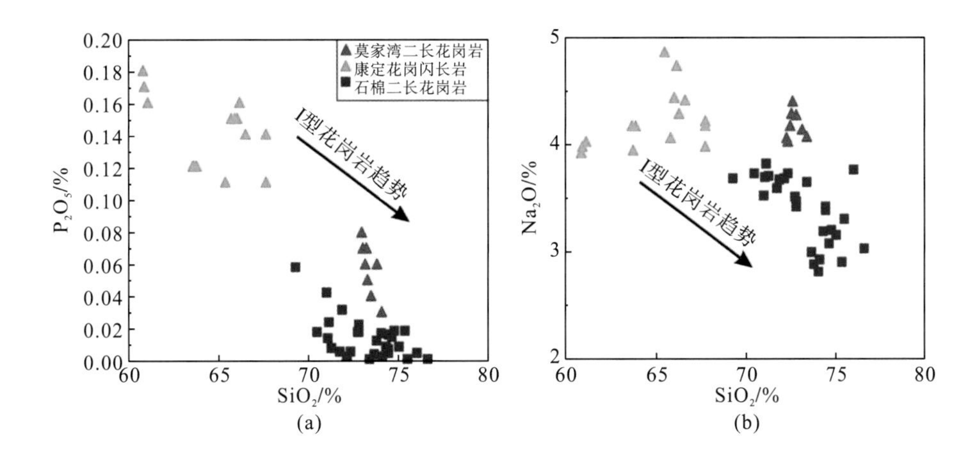

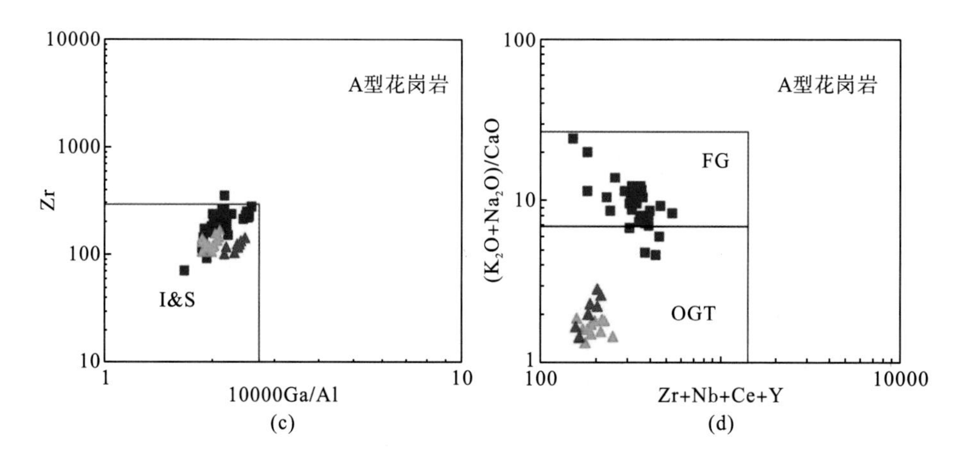

图 5-5 莫家湾二长花岗岩的判别图

(a) SiO_2-P_2O_5；(b) SiO-Na_2O (Cappell and White，1992)；(c) 10000Ga/Al-Zr；
(d) (Zr+Nb+Ce+Y) - (K_2O+Na_2O) /CaO (Whalen et al.，1987)；数据引自 Lai et al.，2015；Zhao X F et al.，2008

瓜子坪花岗闪长岩体具有较低的 10000Ga/Al(1.98～2.29)，Zr 含量为 148×10^{-6}～310×10^{-6}，Nb 为 4.1×10^{-6}～8.3×10^{-6}，Zr+Nb+Ce+Y 含量为 225×10^{-6}～445×10^{-6}，(K_2O+Na_2O)/CaO 为 2.2～4.1，FeO^T/MgO 为 3.1～4，显示了非 A 型花岗岩的特征(Chappell et al.，1974)。在花岗岩 I-A-S-M 类型判别图中，绝大部分的数据点均投在非 A 型花岗岩区域且分异程度不高，但是有少量的点投在了 A 型花岗岩的区域，因此需要对瓜子坪岩体做进一步的判别工作[图 5-6(a)～图 5-6(d)]。

在主量元素花岗岩类型判别图解中，瓜子坪花岗闪长岩体具有和同样位于扬子地块西缘的莫家湾二长花岗岩和石棉花岗岩类似的典型 I 型花岗岩的特征(Zhao X F et al.，2008；Jiang et al.，2021)。具体来说，瓜子坪花岗闪长岩样品具有低的 P_2O_5(0.06%～0.23%)和 A/CNK(1～1.05，均小于 1.1)，同时样品的 SiO_2 含量值与 P_2O_5 值呈负相关，指示了 I 型花岗岩的特征，否定了 S 型花岗岩的可能性(S 型花岗岩具有较大的 P_2O_5 值)[图 5-6(e)](Chappell et al.，1974)；随着样品 SiO_2 含量的升高，Na_2O 的含量表现出 I 型花岗岩的特征[图 5-6(f)](Chappell et al.，1974)；瓜子坪花岗闪长岩样品的锆石饱和温度(T_{Zr})为 772.87～816.07℃平均 798℃，与 I 型花岗岩的锆石饱和温度(781℃)相近(King et al.，1997)；在样品岩相学研究过程中，能够观察到角闪石、黑云母(大部分已经蚀变成绿泥绿帘石)等 I 型花岗岩的特征矿物(张旗等，2012)。因此，结合上述所有地球化学和岩相学方面的特征，认为瓜子坪花岗闪长岩属于典型的 I 型花岗岩。

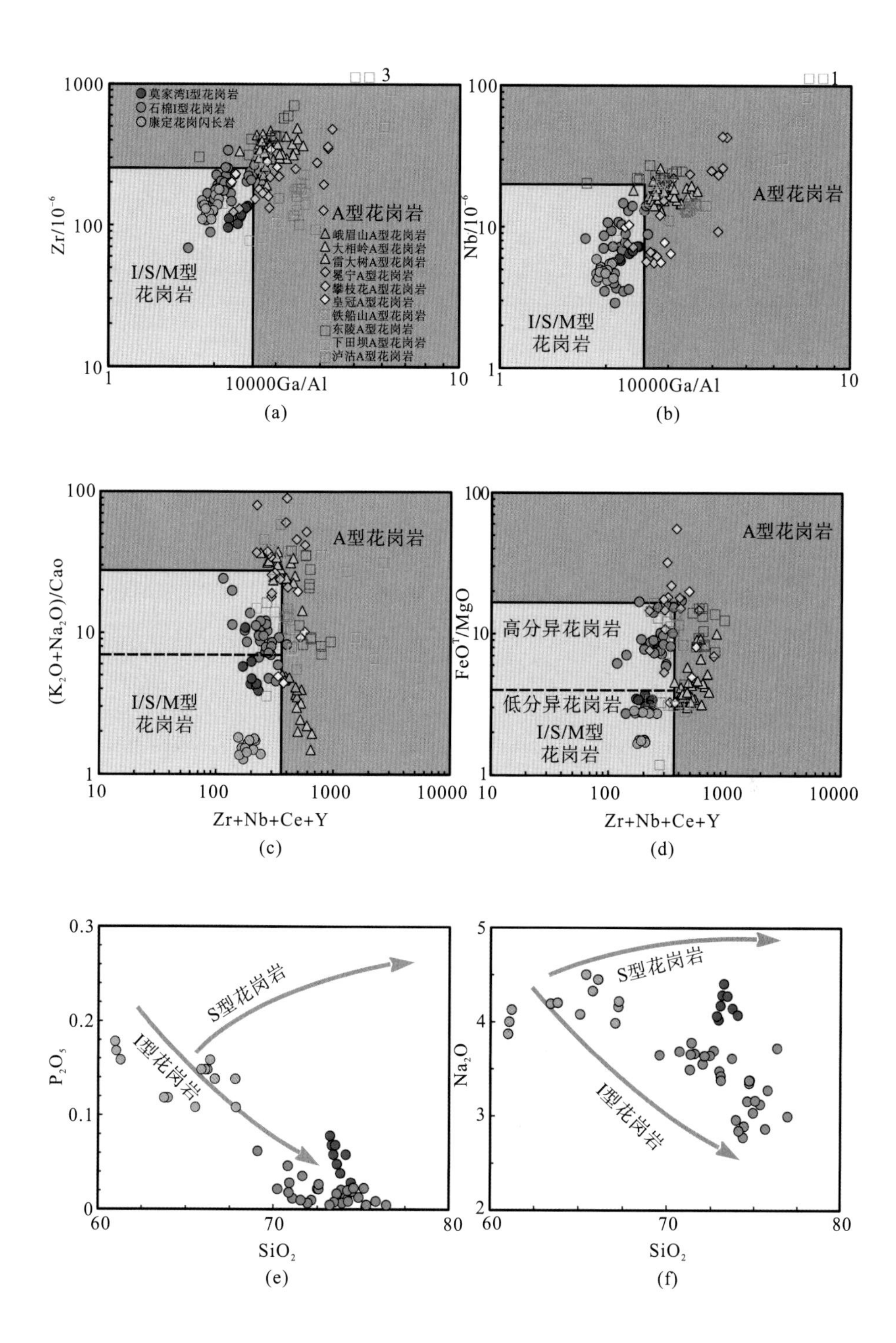
莫家湾I型花岗岩
石棉I型花岗岩
康定花岗闪长岩
A型花岗岩
峨眉山A型花岗岩
大相岭A型花岗岩
雷大树A型花岗岩
冕宁A型花岗岩
攀枝花A型花岗岩
皇冠A型花岗岩
铁船山A型花岗岩
东陵A型花岗岩
下田坝A型花岗岩
泸沽A型花岗岩
I/S/M型
花岗岩
Zr/10⁻⁶
Nb/10⁻⁶
10000Ga/Al
(a)
(b)
(K₂O+Na₂O)/Cao
FeOᵀ/MgO
Zr+Nb+Ce+Y
高分异花岗岩
低分异花岗岩
(c)
(d)
S型花岗岩
I型花岗岩
P₂O₅
Na₂O
SiO₂
(e)
(f)

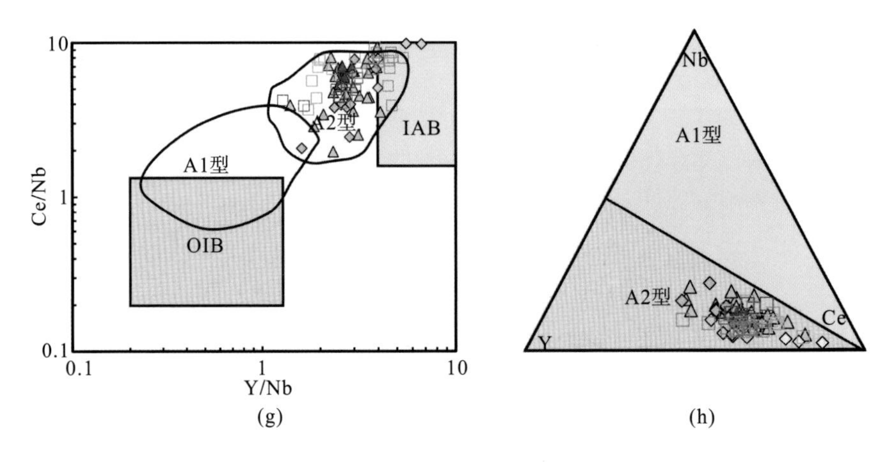

图 5-6 花岗岩类型判别图解

(a)～(d)花岗岩 I-S-M-A 型判别图解(据 Whalen et al.，1987)；(e)、(f)花岗岩 I-S 类型判别图解(据 Chappell et al.，1992)；(g)、(h)A 型花岗岩 A1 和 A2 型判别图解(底图引自 Whalen et al.，1987)；石棉和莫家湾 I 型花岗岩数据引自(Zhao J H et al.，2008；Jiang et al.，2021)

5.2 岩浆源区

5.2.1 O 同位素分析

O 同位素在岩浆的产生和演化、岩浆和围岩的相互作用、地质过程中流体的性质和规模、水岩反应等方面具有广泛的应用(Hoefs，2009)。锆石对 O 元素具有较好的封闭性，对花岗岩的研究起到了有效的制约作用(Valley et al.，2005)。

来自地壳的岩浆结晶的岩浆锆石 $\delta^{18}O$ 值一般随上地壳物质的增加而变化，从地幔值 5.3‰±0.6‰到 14‰～16‰，$\delta^{18}O$ 值低于地幔值的岩浆锆石很少(Valley et al.，1998；Bindeman and Valley，2000；Valley et al.，2005；Spencer et al.，2017；Huang et al.，2019)。岩浆分异作用对岩浆岩 O 同位素分馏影响不大，但高温水岩反应使岩石 O 同位素组成显著减少(张少兵和郑永飞，2011)。低 $\delta^{18}O$ 的天然储层为大气降水(−65‰～0‰)和海水(0‰)(Bindeman et al.，2008)。这意味着低 $\delta^{18}O$ 岩石层的形成需要在高温下与这种介质进行 O 同位素交换。海水热液蚀变只能产生低 $\delta^{18}O$ 值的岩石，大气热液蚀变可产生负 $\delta^{18}O$ 值的岩石(Zheng et al.，2003)。一般来说，一个伸展环境，如火山口或裂谷，被认为是同时发育深层断裂和岩浆活动的理想环境。这是低 $\delta^{18}O$ 岩浆形成过程中最有利于水岩高温反应的构造环境(Tucker et al.，2001；Harris and Ashwal，2002；Bindeman et al.，2008；张少兵和郑永飞，2011)。典型的例子是美国黄石国家公园的更新世高温流纹岩和苏格兰西部的古新世花岗岩，它们形成于与地幔柱有关的伸展环境(Bindeman et al.，2008)。

这些典型的扬子西缘新元古代中期岩浆岩除苏雄组流纹岩、莫家湾花岗岩外都具有低 $\delta^{18}O$ 的特征(灯杆坪花岗岩体 $\delta^{18}O$ 为 3.44‰～6.67‰，峨眉山花岗岩体 $\delta^{18}O$ 为 4.24‰～9.83‰，苏雄组流纹岩体 $\delta^{18}O$ 为 5.41‰～9.14‰，莫家湾花岗岩体 $\delta^{18}O$ 为 5.42‰～8.97‰，瓜子坪花岗岩体 $\delta^{18}O$ 为 4.3‰～5.5‰)，值得一提的是形成时代最早的苏雄组流纹岩(形成于 818.6～813Ma)，并未有发育低 $\delta^{18}O$ 的锆石被发现，这代表扬子西缘在818Ma之前并未有低氧岩体发育，扬子西缘813Ma之后形成的岩浆岩低 $\delta^{18}O$ 的特征并不是继承于已存在的低氧岩浆岩，而是在813Ma 之后经历高温水岩反应新形成的。

具有低 $\delta^{18}O$ 值的岩石在地壳中是非常少见的。低氧岩浆岩的产生需要具有低 $\delta^{18}O$ 特征的流体在高温条件下进行交换作用。通过测定这些新元古代中期岩浆岩锆石饱和温度来估算岩浆结晶的最低温度，结果发现苏雄组流纹岩体形成的最低温度为 801～943℃；石棉银厂沟花岗岩体形成的最低温度为 816～869℃；瓜子坪花岗岩体形成的最低温度为 772～816℃，的确形成于高温环境，并且新元古代中期扬子西缘有明显的温度升高趋势，这表明此时有大量的热量供给。唯有大陆裂谷环境能提供如此多的热量，形成如此大规模的低氧岩浆岩带。

与此同时，全球各大前寒武陆块也发现有大量相同类型的低氧岩浆岩，如在塞舌尔地区发现有年龄约为 750Ma 的低氧花岗岩岩体的全岩 $\delta^{18}O$(−1.2‰～7.5‰)，同时亦有学者在该地区发现有年龄为 760～745Ma 的花岗岩，其 $\delta^{18}O$ 值为 1.1‰～7.3‰；在印度板块西北部的马拉尼岩浆岩套也发现有年龄为 780～750Ma 的低氧岩浆岩 $\delta^{18}O$(−1.1‰～8.2‰)；在马达加斯加岛的中部和北部地区同样发现有年龄为 790～730Ma 的低氧岩浆岩，其最低的 $\delta^{18}O$ 为 0.6。值得一提的是，这些岩体(塞舌尔花岗岩体、马达加斯加岩体以及马拉尼岩体)均已被证实产出于裂谷环境。

5.2.2　Hf 同位素示踪

将花岗岩锆石 U-P-Hf 同位素结果相结合，可以准确对岩浆岩的物源进行界定(Chu et al.，2002；吴福元等，2007a；Wu F Y et al.，2007)。通常，正 $\varepsilon_{Hf}(t)$ 值和 T_{DM_1} 模式年龄表示新生地壳生长或重熔，而负 $\varepsilon_{Hf}(t)$ 值和 T_{DM_2} 模式年龄则意味着古老地壳的再循环(Wu F Y et al.，2007)。使用二阶段模式年龄(T_{DM_2})可以获得真正壳幔分异作用的时代(吴福元等，2007a，2007b)。

在原位微区 SIMS U-Pb 定年的基础上，对扬子西缘典型花岗岩体进行 Lu-Hf 同位素分析，结果显示两期灯杆坪花岗岩体 $\varepsilon_{Hf}(t)$ 值有着不同的分布范围，其中第一期正长花岗岩 $\varepsilon_{Hf}(t)$ 为 4.1～13，而第二期黑云母花岗岩 $\varepsilon_{Hf}(t)$ 为−1～5.2，仅有少数锆石出现负 $\varepsilon_{Hf}(t)$ 值特征，这两期花岗岩体 $\varepsilon_{Hf}(t)$ 值都集中在正值范围内。

灯杆坪花岗岩体 T_{DM_2} 年龄范围比较接近，第一期正长花岗岩 T_{DM_2} 年龄为 1891～1361Ma，第二期黑云母花岗岩 T_{DM_2} 年龄为 1767～1382Ma。两期峨眉山花岗岩体 $\varepsilon_{Hf}(t)$ 值也有着不同的分布范围，其中灰白色二长花岗岩 $\varepsilon_{Hf}(t)$ 为−1.70～11.04，而肉红色二长花岗岩 $\varepsilon_{Hf}(t)$ 为−0.21～6.79。这两期花岗岩体大多数锆石显示正 $\varepsilon_{Hf}(t)$ 值，各只有 2 颗锆石出现负 $\varepsilon_{Hf}(t)$ 值特征。峨眉山两种颜色的二长花岗岩 T_{DM_2} 年龄相近，灰白色二长花岗岩 T_{DM_2} 年龄为 1649.5～1205.9Ma，肉红色二长花岗岩 T_{DM_2} 年龄为 1625.9～1022.6Ma。苏雄组银厂沟流纹岩和大岩房流纹岩 $\varepsilon_{Hf}(t)$ 值相近，其中银厂沟流纹岩 $\varepsilon_{Hf}(t)$ 为 4.2～8.2，大岩房流纹岩 $\varepsilon_{Hf}(t)$ 为 4.2～8.2。苏雄组两个地点采取的流纹岩 T_{DM_2} 年龄接近，银厂沟流纹岩 T_{DM_2} 年龄为 1410～1190Ma。大岩房流纹岩 T_{DM_2} 年龄为 1410～1190Ma。莫家湾花岗岩 $\varepsilon_{Hf}(t)$ 为 4.3～9.8，T_{DM_2} 年龄为 1424～1079Ma。瓜子坪花岗岩 $\varepsilon_{Hf}(t)$ 为 4.3～8.1，T_{DM_2} 年龄为 1302～1177Ma。综合而论，此次研究的所有岩体所得 $\varepsilon_{Hf}(t)$ 主要集中在正值区域，仅有零星分布在负值，表明这些典型新元古代中期岩浆岩体应是来源于新生地壳物质的部分熔融，同时有少量成熟地壳物质的混入。岩体的二阶段亏损地幔模式年龄主要集中在中元古代时期，代表了岩体原岩形成的时代，同时也说明了中元古代时期发生了显著的壳幔分异事件以及地壳增厚作用。

花岗岩和流纹岩等地壳起源的岩石岩体属性在很大程度上会受到源区性质的影响，因此了解岩体的源区属性对研究岩体的形成环境、岩石类型和构造环境演化等有着关键的作用(吴福元，2007a，2007b)。

莫家湾岩体具有低的 La(23.4×10^{-6}～31.7×10^{-6})、Ce(45×10^{-6}～61×10^{-6})和中等的 La/Sm(7.5～8.5)、Ce/Yb(37.8～55.2)，显示莫家湾岩体在形成过程中，部分熔融作用起主要作用，分离结晶起次要作用(图 5-7)，这与前人的研究认为部分熔融作用是形成花岗岩的主要作用的观点是一致的(Chappell et al.，2012)。Lu-Hf 同位素地球化学数据能够有效示踪岩石的物源以及物源形成时的年龄，莫家湾样品的 $\varepsilon_{Hf}(t)$ (4.28～9.79)、亏损地幔模式年龄 T_{DM_2} (1424～1079Ma)指示莫家湾岩体为中元古代新生地壳来源；岩体具有低的 Nb/Y 值(0.4～0.62)和 Rb/Y 值(4.1～6)，指示岩体为新生中下地壳变质火成岩部分熔融形成，支持第三种模式，说明莫家湾岩体是由地壳变质火成岩部分熔融所形成的。地壳起源的花岗岩能够反映出地壳原岩、氧化物和微量稀土元素的特征，如 CaO/Na_2O、Rb/Ba 和 Rb/Sr 能够用来推断花岗岩地壳来源和熔融条件的性质，莫家湾岩体具有低的 Al_2O_3/TiO_2(90～120)、CaO/Na_2O(0.17～0.39)、Rb/Rs(0.1～0.2)和 Rb/Ba(0.04～0.08)，指示岩体为新生下地壳变质玄武岩部分熔融所形成(Sylvester，1998；Patiño，1999)。

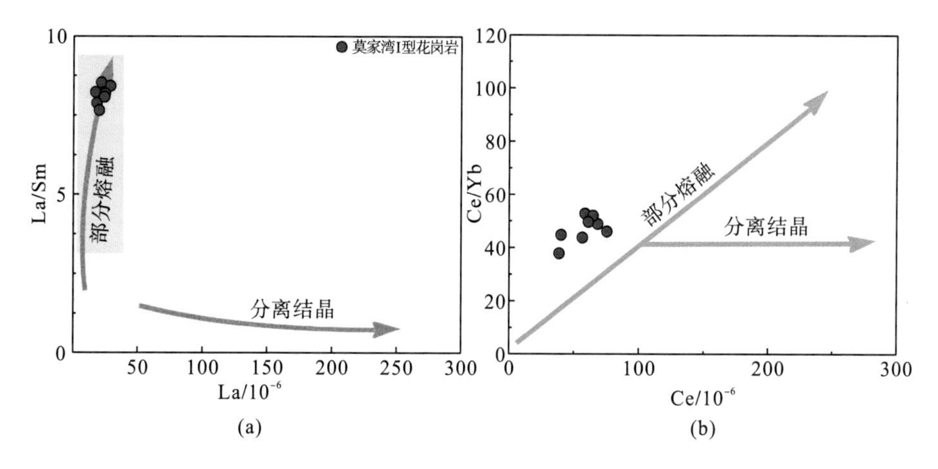

图 5-7 花岗岩体和流纹岩体部分熔融判别图解

(底图引自 Allegre and Minster，1978；John et al.，1999；Patiño，1999)

灯杆坪岩体具有低的 La(18×10^{-6}～27.5×10^{-6})、Ce(29×10^{-6}～57×10^{-6})和低的 La/Sm(4.1～9.8)、Ce/Yb(36×10^{-6}～66×10^{-6})，指示在灯杆坪岩体的形成过程中，部分熔融作用占主导地位，分离结晶起次要作用(Chappell et al.，2012)。Lu-Hf 同位素地球化学数据能够有效地示踪岩石的物源以及物源形成时的年龄，灯杆坪岩体样品的 $\varepsilon_{Hf}(t)$ (−1～13)、亏损地幔模式年龄 T_{DM_2} (1891～1361Ma)指示灯杆坪岩体为中元古代新生地壳来源;岩体具有低的 Nb/Y 值(0.34～0.51)和 Rb/Y 值(4～8.5)，指示岩体为新生地壳来源；灯杆坪岩体具有跨度较大的 Rb/Rs(0.1～1.85)和较低的 Rb/Ba 值(0.01～0.1)，指示岩体为新生下地壳变质玄武岩和不成熟的富集长石而缺少灰岩成分的沉积岩混合熔融所形成(Sylvester，1998；Patiño，1999)。在岩体的形成过程中，部分熔融过程起主导作用，分离结晶过程起次要作用。

峨眉山花岗岩具有低的 La(46×10^{-6}～61×10^{-6})、Ce(95×10^{-6}～107×10^{-6})和低的 La/Sm(5.1～6.8)、Ce/Yb(21～28)，指示在峨眉山花岗岩的形成过程中，部分熔融作用占主导地位，分离结晶起次要作用(Chappell et al.，2012)。Lu-Hf 同位素地球化学数据能够有效地示踪岩石的物源以及物源形成时的年龄，峨眉山花岗岩样品的 $\varepsilon_{Hf}(t)$ (−2.1～11.4)、亏损地幔模式年龄 T_{DM_2} (1625.9～1022.6Ma)指示峨眉山花岗岩为中元古代新生地壳来源；岩体具有低的 Nb/Y 值(0.33～0.41)和 Rb/Y 值(5.8～7.2)，指示岩体为新生中下地壳来源；峨眉山花岗岩具有中等的 Rb/Rs 值(0.99～1.21)和较低的 Rb/Ba 值(0.33～0.45)，指示岩体为新生下地壳富集斜长石而贫灰石的变质灰岩源区物质部分熔融所形成(Sylvester，1998；Patiño，1999)。

苏雄组流纹岩具有低的 La(25×10^{-6}～41×10^{-6})、Ce(61×10^{-6}～99×10^{-6})和低的 La/Sm(5.2～6.6)、Ce/Yb(19～31)，指示在瓜子坪岩体的形成过程中，部分熔融作用在岩浆演化过程中起主要地位，分离结晶占次要地位(Chappell et al.，2012)。

Lu-Hf 同位素地球化学数据能够有效地示踪岩石的物源以及物源形成时的年龄，苏雄组流纹岩样品的 $\varepsilon_{Hf}(t)$ (4.1～8.2)、亏损地幔模式年龄 T_{DM_2} (1410～1190Ma) 指示苏雄组流纹岩为中元古代新生地壳来源；岩体具有低的 Nb/Y 值(0.3～0.5) 和 Rb/Y 值(5.3～7.8)，指示岩体为新生中下地壳来源；苏雄组流纹岩具有较大的 Rb/Rs 值(4.8～6.4) 和较低的 Rb/Ba 值(0.29～0.38)，指示岩体为新生下地壳变质泥质岩部分熔融所形成(Sylvester，1998；Patiño，1999)。在岩体的形成过程中，部分熔融过程起主导作用，分离结晶过程起次要作用。

石棉花岗岩具有低的 La(38×10^{-6}～70×10^{-6})、Ce(82×10^{-6}～143×10^{-6}) 和低的 La/Sm(4.1～5.2)、Ce/Yb(8.7～17.3)，指示在石棉花岗岩的形成过程中，部分熔融作用占主导地位，分离结晶起次要作用(Chappell et al.，2012)。Lu-Hf 同位素地球化学数据能够有效地示踪岩石的物源以及物源形成时的年龄，石棉花岗岩样品的 $\varepsilon_{Hf}(t)$ (−3.2～11.7)、亏损地幔模式年龄 T_{DM_2} (1559～986Ma) 指示石棉花岗岩为中元古代新生地壳来源；岩体具有低的 Nb/Y 值(0.29～0.4) 和 Rb/Y 值(3.0～3.8)，指示岩体为新生中下地壳来源；石棉花岗岩具有较大的 Rb/Rs 值(6.1～9.9) 和较低的 Rb/Ba 值(1～1.6)，指示岩体为新生下地壳贫斜长石而富集灰石的变质泥质岩源区物质部分熔融所形成(Sylvester，1998；Patiño，1999)。在岩体的形成过程中，部分熔融过程起主导作用，分离结晶过程起次要作用。

瓜子坪岩体具有低的 La(40.2×10^{-6}～70×10^{-6})、Ce(63.6×10^{-6}～130×10^{-6}) 和中等的 La/Sm(8.1～13.6)、Ce/Yb(36～66)，指示在瓜子坪岩体的形成过程中，部分熔融作用在岩浆演化过程中起主要地位，分离结晶占次要地位(Chappell et al.，2012)。Lu-Hf 同位素地球化学数据能够有效地示踪岩石的物源以及物源形成时的年龄，瓜子坪样品的 $\varepsilon_{Hf}(t)$ (4.3～8.7)、亏损地幔模式年龄 T_{DM_2} (1302～1177Ma) 指示瓜子坪岩体为中元古代新生地壳来源；岩体具有低的 Nb/Y 值(0.32～0.55) 和 Rb/Y 值(2.5～6.7)，指示岩体为新生下地壳变质火成岩部分熔融形成，支持第三种模式，说明瓜子坪岩体是由地壳变质火成岩部分熔融所形成的。瓜子坪岩体具有低的 Al_2O_3/TiO_2 值(32～66)、CaO/Na_2O 值(0.53～0.76)、Rb/Rs 值(0.13～0.17) 和 Rb/Ba 值(0.04～0.18)，指示岩体为新生下地壳变质玄武岩部分熔融所形成(Sylvester，1998；Patiño，1999)[图 5-7(d)]。在岩体的形成过程中，部分熔融过程起主导作用，分离结晶过程起次要作用。

第6章 新元古代构造演化及动力学机制

6.1 构造演化

通常情况下，源岩性质、岩浆的形成和演化等多种因素都会影响花岗质岩石的地球化学特征，其特征通常没有明确的构造意义，因此我们需要从多方面进行分析才能厘定花岗岩形成时的构造环境，包括岩石学、地球化学等领域(李献华等，2012)。

我们对扬子西缘新元古代典型花岗岩进行了锆石 SIMS 原位 O 同位素测试。结果发现扬子西缘新元古代中期岩浆岩除苏雄组流纹岩、莫家湾花岗岩外都具有低 δ^{18}O 的特征(图 6-1)。

样品的锆石 U-Pb 年龄大多数在谐和线上分布，Pb 丢失不显著，因而本次获得的分析结果可以准确地代表锆石原有的 O 同位素组成。如此大规模的低氧岩浆岩带，只有裂谷环境才能最好地解释(张少兵和郑永飞，2013)。

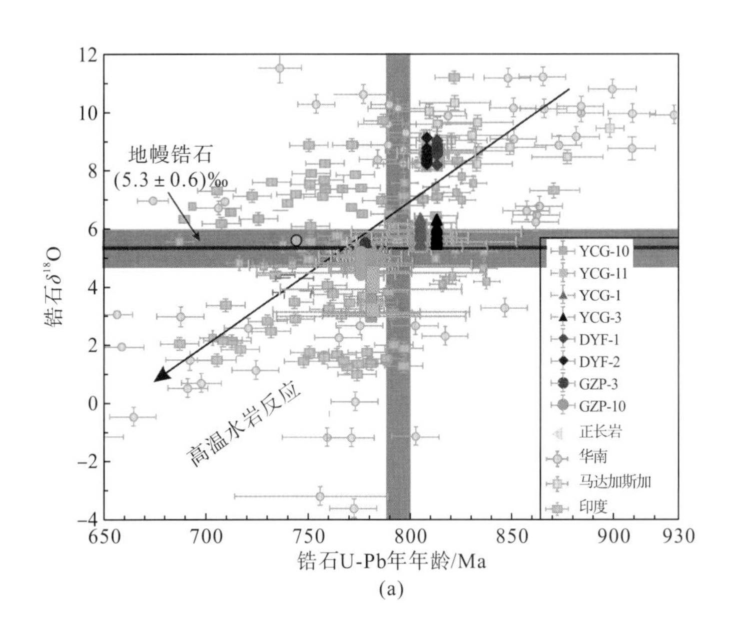

(a)

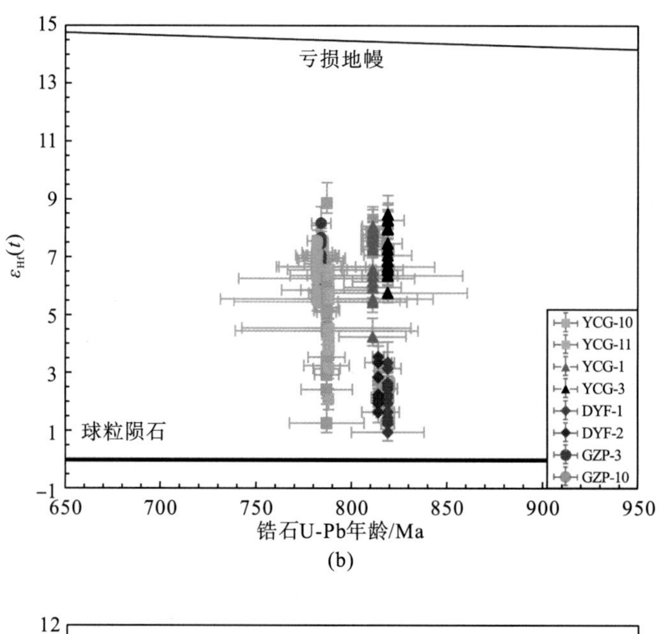

(b)

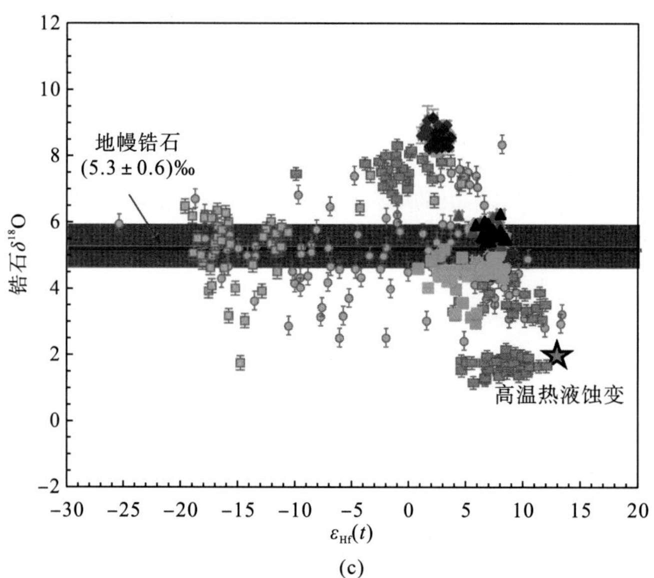

(c)

图 6-1 锆石定年分析图解

(a) $\delta^{18}O$与U-Pb年龄投点图；(b) $\varepsilon_{Hf}(t)$与U-Pb年龄数据对比图；(c) 950～650Ma锆石$\delta^{18}O$与$\varepsilon_{Hf}(t)$对比图

花岗岩岩浆大多是绝热式上升侵位的，岩浆早期结晶的温度近似代表岩浆形成时的温度(秦江锋等，2005；吴福元等，2007a)。锆石的溶解度对岩浆成分和温度很敏感，但通常对其他因素不敏感(Watson and Harrison，1983；Miller et al.，2003)。因此，锆石饱和温度(T_{zr})可以提供对早期形成温度的有用估计。本次计算的锆石饱和温度的岩浆岩参数 M［(Na+K+2Ca)/(Al·Si)］为 0.88～2.09，并且本次选择的几个岩体都相对缺少继承锆石，说明计算出的饱和温度是对这个岩体形成温度的有效代替(Watson and Harrison，1983；Miller et al.，2003)。计算结果显示，样品的锆石饱和温度大多大于 800℃，按 Miller 等(2003)提出的分类方案，是属于高温岩浆岩的范围。高温花岗岩在形成过程中对流体的依赖较小，更需要的是来自地幔的热流输入，通常需要地幔来源的岩浆的底侵供热(Zhao and Zhou，2009)。导致地幔上涌的伸展环境是这种花岗岩形成的理想环境(Miller et al.，2003)。

地壳是地球最独特的产物之一，认识地壳厚度的变化对于追踪地球岩石圈的构造演化有着重要的作用，但是地壳厚度在地质记录中难以被量化。Chapman 等(2015)注意到现代弧相关火山岩中的 Sr/Y 和 La/Yb 值在全球尺度上与地壳厚度(莫霍面深度)有着很好的相关性，并总结了 Sr/Y 和 La/Yb 与地壳厚度之间的转换公式，得到了实例的验证(Chapman et al.，2015；Chiaradia，2015；Profeta et al.，2015)。Hu F Y 等(2017)将该公式用于研究秦岭造山带地壳厚度变化，经过修改完善后得到了适用于造山带演化的地壳厚度计算公式：

$$\mathrm{Sr/Y}=1.49D_{\mathrm{M}}-42.03,\quad D_{\mathrm{M}}=0.67\mathrm{Sr/Y}+28.21$$

$$(\mathrm{La/Yb})_{\mathrm{N}}=2.94\mathrm{e}^{0.036D_{\mathrm{M}}},\quad D_{\mathrm{M}}=27.78\ln[0.34(\mathrm{La/Yb})_{\mathrm{N}}]$$

式中，D_{M} 为平均地壳厚度或者莫霍面厚度。

通过修改后的地壳厚度计算出的扬子地块新元古代中期地壳厚度显示，扬子地块 900～850Ma 地壳厚度一直处于增长状态，并在 850Ma 左右到达最高值。需要注意的是，850Ma 时同样出现岩浆形成温度的最低值，在 850Ma 之后，随着岩浆温度增加，地壳厚度呈现减薄趋势(图 6-2)。

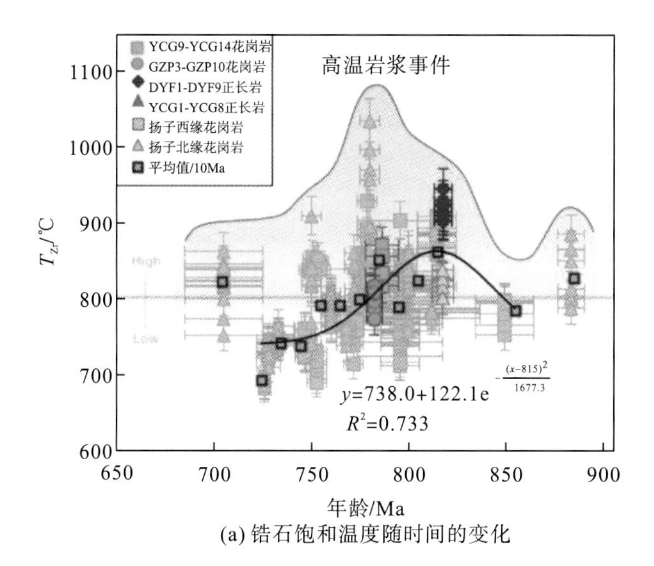

(a) 锆石饱和温度随时间的变化

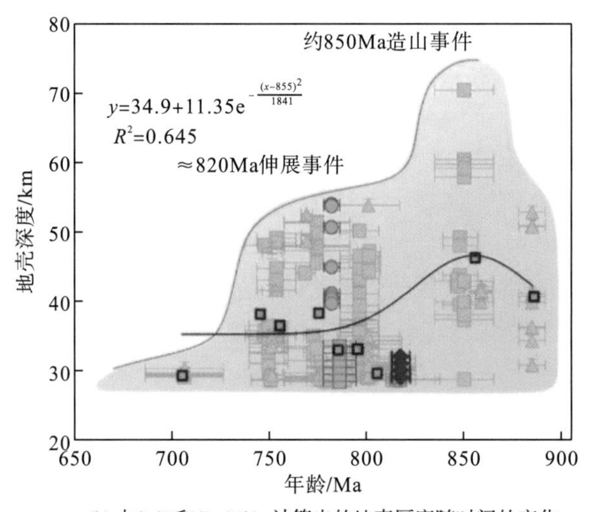

(b) 由Sr/Y和$(La/Yb)_N$计算出的地壳厚度随时间的变化

图 6-2 扬子地块新元古代花岗岩图

相关方程计算具有不确定性的地壳厚度依据 Hu F Y et al.，2017

地壳部分熔融产生岩浆需要流体(水)的参与，因为在无水情况下熔融产生熔体需要极高的温度。岩石的实验资料表明，黑云母和钙角闪石在高温情况下(＞800℃)发生脱水反应。扬子西缘岩浆岩平均锆石饱和温度为 807.5℃，指示源岩熔融时的温度大于 800℃，满足黑云母等矿物发生脱水反应时的温度条件，同时前文讨论表明瓜子坪岩体的熔融残留矿物组合有黑云母和角闪石，因此支持瓜子坪岩体的熔融由黑云母和角闪石等在高温条件下发生脱水反应，从而否定了岩体由俯冲带沉积物脱水反应所形成。地壳物质的熔融不仅需要流体的参与，同时与高温、低压条件有关(吴福元等，2007b)。最新的研究结果显示，高温和低压同样是影响岩体熔融的主要因素。在挤压构造过程中，岩石是升压的，因而产生岩浆活动的可能性较小。但在拉张情况下，压力的降低非常有利于岩石的熔融；同时，地壳的拉张减薄还可伴随深部软流圈地幔的上涌和幔源岩浆的底侵作用，从而使地壳加热而进一步发生部分熔融，这就是后造山的伸展垮塌所形成的裂谷环境会产生大量花岗岩的重要原因(Collins，1994；Costa and Rey，1995；Sylvester，1989，1998；Bonin et al.，1998)。A 型花岗岩通常产出于非造山环境(A1)、造山后的伸展拉张环境和板内裂谷环境(A2)(Eby，1992)。因此认为 A 型花岗岩形成于地壳减薄的构造背景，出现在碰撞后(造山后)和板内构造背景(Collins et al.，1982；Whalen et al.，1987；Sylvester，1989；Bonin，1990；Eby，1992；Nédélec et al.，1995；Whalen et al.，1996；Pitcher，1997；贾小辉等，2009；张旗等，2012，2010)。因此，A 型花岗岩是判别伸展构造背景的重要岩石学标志。前人的大量实验研究表明，A 型花岗岩可能是在低压下形成的，通常为中上地壳(Anderson and Bender，1989；Breiter，2011；Patiño，1997)。作者系统地收集了扬子地块西北缘的众多 A 型花岗岩体的结晶年龄、锆石饱和温度曲线和稀土微量元素，并进行地球化学投图(图 5-2、图 5-5、图 5-7)，结果显示这些 A 型花岗岩体均为 A2 型花岗岩，且普遍具高温的特征，指示有高地热梯度的存在，同时在图中可以看见在 850～700Ma 有一种明显的温度升高趋势，表示有巨大的热量供给。这些特征和前面所论述的岩石圈拉张减薄的构造背景特征是一致的。结合扬子地块西北缘新元古代时期的实际构造背景(裂谷环境或者岛弧环境)，指示这些岩体形成板内裂谷环境。

扬子西缘峨眉山花岗岩、苏雄组流纹岩、石棉花岗岩这些 A2 型花岗岩以及高地热梯度的发现，指示了在 820Ma 时，扬子西缘地区正处于伸展拉张环境，此时地壳发生严重的减薄。

6.2　罗迪尼亚超大陆裂解动力学机制

中元古代在整个地球发展史中属于一个较为平稳的地质历史时期，在新元古代时期罗迪尼亚超大陆再次裂解(Moores，1991)。因为扬子地块较为完整地将新元古代中期与罗迪尼亚超大陆裂解有关联的岩浆活动以及相关的沉积盆地方面的地质信息进行了完整记录，对比其他地区，扬子地块能够更加准确且直接地对罗迪尼亚超大陆的汇聚及裂解过程进行研究，因此该区域在整个新元古代时期占据了非常重要的地位(李献华等，2012)。新元古代岩浆岩类侵入体详细记录着罗迪尼亚超大陆的裂解事件，是重要的载体。目前对罗迪尼亚超大陆裂解的相关科学问题存在很大的分歧，主流观点主要有以下两种：①超级地幔柱活动成因(Li Z X et al.，1999，2002，2003；Li X H et al.，2002，2003；Ling et al.，2003；Wang and Li，2003；Huang et al.，2008；Zhu et al.，2008；Wang X C et al.，2007，2008，2011)，支持该观点的研究人员均认为华南在新元古代时期的位置处于罗迪尼亚超大陆的核心处，将澳大利亚和北美连接起来；②洋壳俯冲的岛弧成因(Zhou M F et al.，2002a，2002b，2006；赵俊香等，2006；张沛等，2008；刘树文等，2009a，2009b；Zhao J H et al.，2007a，2008，2011)，支持该观点的研究人员均认为华南在新元古代时期的位置处于 Rodinia 超大陆的边缘地带(Zhou M F et al.，2002a，2006；Zhao J H et al.，2007a，2007b)。

但是对扬子地区新元古代岩浆岩进行研究后发现，扬子北缘广泛分布的 790～635Ma 形成的低 δ^{18}O 的花岗岩和火山碎屑岩，包括 770～757Ma 卢振关组，δ^{18}O 值为−5.72%～8.33%；740～720Ma 随县组，δ^{18}O 值为 1.31%～10.5%；780～

714Ma 莲沱组，δ^{18}O 值为 1.21%～4.66%；721～714Ma 耀岭河群，δ^{18}O 值为 −4.14%～11.6%；714Ma 武当山基性岩，δ^{18}O 值为 3.08%～7.04%；这些扬子北缘低 δ^{18}O 岩体距离这次研究新发现的低 δ^{18}O 瓜子坪岩体至少有 1000km（图 6-3）。

此外，在华夏地块发现的约 750～720Ma 期间形成的低 δ^{18}O 值的花岗岩，包括 810～720Ma 峡乡组，δ^{18}O 值为 2.43‰～9.25‰；774Ma 峡江组凝灰岩，δ^{18}O 值为 2.11‰～6.71‰；830～819Ma 四堡组，δ^{18}O 值为 1.55‰～11.9‰；815～720Ma 丹州组，δ^{18}O 值为 2.92‰～10.2‰；822～807Ma 九岭花岗岩，δ^{18}O 值为 4.51‰～12.0‰；807～728Ma 福建黑云母片麻岩，δ^{18}O 值为 2.77‰～9.58‰；856～814Ma 双桥山组，δ^{18}O 值为 4.01‰～10.7‰；823～752Ma 休宁组，δ^{18}O 值为 5.38‰～7.50‰；823Ma 徐村花岗闪长岩，δ^{18}O 值为 2.41‰～11.78‰，这些在华夏地块发现的低 δ^{18}O 岩体距离研究区也有约 1500km。这些分布在扬子北缘、扬子西缘、江南造山带年龄相近的低氧岩浆岩在华南周围形成了长达几千公里的环形低 δ^{18}O 岩浆岩带（图 6-3）。

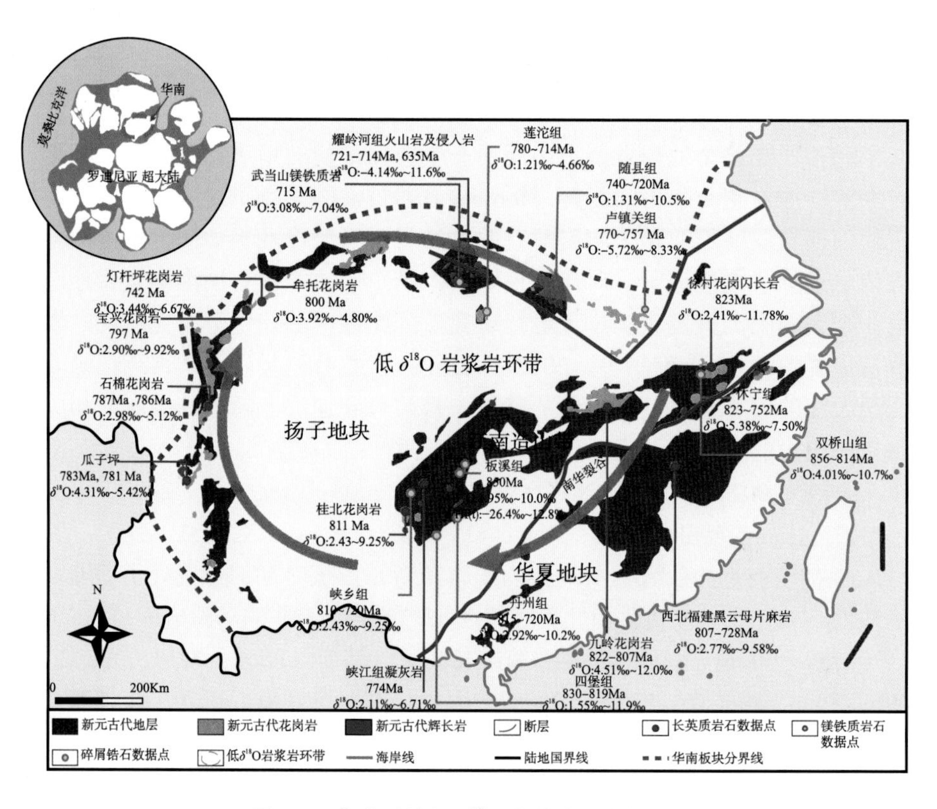

图 6-3 华南地块低 δ^{18}O 岩浆岩分布简图

（数据引自 Huang et al.，2019；Zou et al.，2020）

与此同时，扬子地块西缘普遍存在约 810～800Ma 的双峰式火山岩，这也表明该时期可能为大陆裂谷环境(Wilson，1989；Xia et al.，2012)。后来发现的约 800Ma 高镁熔岩，即同德苦橄岩，也表明整个华南下方存在热地幔柱(Li X H et al.，2010)。澄江组玄武岩具有较低的 SiO_2、较高的 K_2O+Na_2O 和 TiO_2 含量，里特曼指数(σ)>3.3，类似于大陆裂谷中生成的碱性玄武岩(Cui et al.，2015)。最近的研究证实，扬子地块西部康滇裂谷的历史沉积记录与扬子地块东南部的南华裂谷(Wang and Li，2003)和澳大利亚的阿德莱德裂谷(Preiss，2000)有很好的相关性。800Ma 以来，伴随着剧烈的双峰式岩浆作用，裂谷作用明显拓宽了大陆伸展带，使这些小型半地堑形成了一个大型的统一半地堑。因此，大规模的海侵作用一起发生(Zhuo et al.，2013；Cui et al.，2014)。更有趣的是，关于康滇裂谷(Zhuo et al.，2013；Cui et al.，2014)最新提出的构造模式和填充模式与典型大陆裂谷东非裂谷(Chorowicz，2005)相当。

本书认为在新元古代时期存在超级地幔柱，地幔柱的上涌导致地壳熔融形成大量的花岗岩岩体以及基性岩脉，同时地幔柱的作用导致板内裂谷环境的产生为大面积的高温水岩反应提供了必要的条件，这些分布在扬子北缘、扬子西缘、江南造山带年龄相近的低氧岩浆岩在华南周围形成了长达几千公里的环形低氧岩浆岩带，同时也导致罗迪尼亚超大陆的裂解。

第7章　结　　论

通过对扬子地块西缘灯杆坪花岗岩体、峨眉山花岗岩体、石棉花岗岩体、苏雄组流纹岩体、莫家湾花岗岩体、瓜子坪花岗岩体进行野外地质调查、岩石学、岩相学与矿物学、锆石 SIMS U-Pb 同位素、SIMS 原位微区 O 同位素、Lu-Hf 同位素、全岩主量微量稀土的详细分析，综合前人对扬子地块边缘岩浆岩和罗迪尼亚超大陆的研究成果进行对比分析，得出以下结论。

(1)通过岩石学、岩相学观察和全岩主微量稀土地球化学特征研究认为：峨眉山花岗岩体为过铝质高钾钙碱性 A 型花岗岩；瓜子坪花岗岩体为弱过铝质钙碱性 I 型花岗岩；灯杆坪花岗岩体为弱过铝质-过铝质的钙碱性-高钾钙碱性 I 型花岗岩；莫家湾花岗岩体为过铝质钙碱性 I 型花岗岩；苏雄组流纹岩体为过铝质高钾钙碱性-钾玄性 A 型花岗岩；石棉花岗岩为过铝质高钾钙碱性-钾玄性 A 型花岗岩。

(2)通过对峨眉山花岗岩体、灯杆坪花岗岩体、瓜子坪花岗岩体、莫家湾花岗岩体、苏雄组流纹岩体和石棉花岗岩体进行原位微区 SIMS U-Pb 和 LA-ICP-MS Lu-Hf 同位素测试分析，得到以上岩体的侵位结晶年龄，峨眉山花岗岩体为(818±30)Ma 和(817±34)Ma，灯杆坪花岗岩体为(744.3±4.6)Ma、(744.6±5.4)Ma、(814.9±3.7)Ma、(804.7±4.4)Ma，瓜子坪花岗岩体为(783±6)Ma、(782±4)Ma，莫家湾花岗岩体为(797±13)Ma、(785±11)Ma，苏雄组流纹岩体为(818.6±4.6)Ma、(813.2±5.1)Ma，石棉花岗岩体为(781±4)Ma、(783±4)Ma，这些岩体的形成时代均为新元古代，是新元古代时期大面积岩浆活动的产物，同时也是 Rodinia 超大陆裂解事件的良好记录。岩体的 $\varepsilon_{\mathrm{Hf}}(t)$ 值除了个别点，绝大部分的点位均大于零，指示岩体由新生下地壳物质部分熔融所形成，岩体的二阶段亏损地幔模式年龄(T_{DM_2})为 1.5～0.9Ga，指示以上岩体由中-新元古代新生地壳部分熔融所形成。

(3)通过对峨眉山花岗岩体、灯杆坪花岗岩体、瓜子坪花岗岩体、莫家湾花岗岩体、苏雄组流纹岩体和石棉花岗岩体进行 SIMS 原位微区 O 同位素测试分析，获得以上岩体的 δ^{18}O 同位素比值，分别为：峨眉山花岗岩体为 5.07‰～12.05‰，灯杆坪花岗岩体为 5.13‰～6.75‰、3.44～6.67‰，瓜子坪花岗岩为 4.31‰～5.42‰，莫家湾花岗岩体为 5.42‰～8.97‰，苏雄组流纹岩体为 8.20‰～9.14‰，石棉花岗岩体为 2.98‰～5.31‰。此次研究中发现有显著低于地幔 δ^{18}O 值的岩体分别有灯杆坪花岗岩、瓜子坪花岗岩和石棉花岗岩，在约 820～805 Ma 的苏雄组流纹岩样品中没有低 $\delta^{18}O$ 的岩浆锆石发现，这表明扬子西缘在 820Ma 之前并未有低氧岩体发育，扬子西缘 805Ma 之后形成的岩浆岩低 $\delta^{18}O$ 的特征并不是继承于已存在的低氧岩浆岩，而是在 805Ma 之后经历高温水岩反应新形成的。

(4) 花岗岩正的 Hf 同位素和低的 $\delta^{18}O$ 特征指示由高温热液蚀变引起。锆石从核部到边缘的 $\delta^{18}O$ 值变化较小，这也反映了高温条件下岩浆与地表水的相互作用后重熔的产物。

(5) 利用经验公式计算，825～700 Ma 在扬子地块同时发生了高温岩浆事件和地壳减薄，这些都是指示裂谷环境的重要证据。

(6) 结合前人的研究成果认为，在扬子地块西缘、扬子地块北缘、江南造山带和华夏板块发现有大量的新元古代低 $\delta^{18}O$ 岩浆岩，这些低氧岩浆岩体在空间分布上刚好呈现环绕我国华南板块的形状产出，证明存在一个“环华南”的低 $\delta^{18}O$ 岩浆岩省。在俯冲-岛弧的大地构造背景下，无法形成这样大面积的环板块展布的低 $\delta^{18}O$ 岩浆岩带，因此，更合理的解释是新元古代中期华南存在一个超级地幔柱，华南陆块在罗迪尼亚超大陆重建中所处的位置为超大陆的中心位置而非边缘位置。

参考文献

陈道公, 李彬贤, 夏群科, 等, 2001. 变质岩中锆石 U-Pb 计时问题评述: 兼论大别造山带锆石定年[J]. 岩石学报, 17(1): 129-138.

陈竟志, 姜能, 2011. 胶东晚三叠世碱性岩浆作用的岩石成因: 来自锆石 U-Pb 年龄、Hf-O 同位素的证据[J]. 岩石学报, 27(12): 3557-3574.

陈岳龙, 罗照华, 赵俊香, 等, 2004. 从锆石 SHRIMP 年龄及岩石地球化学特征论四川冕宁康定杂岩的成因[J]. 中国科学(D 辑: 地球科学), 34(8): 687-697.

陈志广, 张连昌, 吴华英, 等, 2008. 内蒙古西拉木伦成矿带碾子沟钼矿区 A 型花岗岩地球化学和构造背景[J]. 岩石学报, 24(4): 879-889.

党永西, 2018. 峨眉山大火成岩省白马超大型钒钛磁铁矿矿床成矿作用研究[D]. 兰州: 兰州大学.

邓奇, 王剑, 汪正江, 等, 2016. 江南造山带新元古代中期(830～750Ma)岩浆活动及对构造演化的制约[J]. 大地构造与成矿学, 40(4): 753-771.

第鹏飞, 王金荣, 张旗, 等, 2017. 玄武岩构造环境判别图评估: 全体数据研究的启示[J]. 矿物岩石地球化学通报, 36(6): 891-896, 879.

冯光英, 刘燊, 钟宏, 等, 2010. 吉林晚古生代榆木川基性岩的地球化学特征及其岩石成因[J]. 地球化学, 39(5): 427-438.

耿英英, 2010. 扬子地块北缘花岗岩 SHRIMP 锆石 U-Pb 定年及地球化学特征研究[D]. 北京: 中国地质大学(北京).

耿元生, 杨崇辉, 王新社, 等, 2008. 扬子地台西缘变质基底演化[M]. 北京: 地质出版社.

龚自仙, 2006. 峨眉山世界遗产地生态旅游开发研究[D]. 成都: 成都理工大学.

郭春丽, 王登红, 陈毓川, 等, 2007. 川西新元古代花岗质杂岩体的锆石 SHRIMP U-Pb 年龄、元素和 Nd-Sr 同位素地球化学研究: 岩石成因与构造意义[J]. 岩石学报, 23(10): 2457-2470.

贺节明, 1988. 康滇灰色片麻岩[M]. 重庆: 重庆出版社.

洪大卫, 王式洸, 韩宝福, 等, 1995. 碱性花岗岩的构造环境分类及其鉴别标志[J]. 中国科学(B 辑 化学 生命科学 地学), 25(4): 418-426.

华仁民, 王登红, 2012. 关于花岗岩与成矿作用若干基本概念的再认识[J]. 矿床地质, 31(1): 165-175.

黄秘伟, 2015. 东北延边地区显生宙地壳增生和改造过程的 Nd-Hf-O 同位素制约[D]. 广州: 中国科学院研究生院(广州地球化学研究所).

贾小辉, 王强, 唐功建, 2009. A 型花岗岩的研究进展及意义. 大地构造与成矿学, 33(3): 465-480.

李昌年, 1992. 火成岩微量元素岩石学[M]. 武汉: 中国地质大学出版社.

李宏博, 2012. 峨眉山大火成岩省地幔柱动力学: 基性岩墙群、地球化学及沉积地层学证据[D]. 北京: 中国地质大学(北京).

李奇维, 2018. 扬子板块新元古代基性脉岩成因及地质意义[D]. 武汉: 中国地质大学.

李社宏, 李文铅, 丁玉进, 等, 2010. 瑶岭钨矿白基寨花岗岩地质特征及成矿意义. 大地构造与成矿学, 34(1): 139-146.

李铁军, 2013. 氧同位素在岩石成因研究的新进展[J]. 岩矿测试, 32(6): 841-849.

李献华, 李武显, 何斌, 2012. 华南陆块的形成与 Rodinia 超大陆聚合-裂解: 观察、解释与检验[J]. 矿物岩石地球化学通报, 31(6): 543-559.

李献华, 李正祥, 周汉文, 等, 2002a. 川西新元古代玄武质岩浆岩的锆石 U-Pb 年代学、元素和 Nd 同位素研究: 岩石成因与地球动力学意义[J]. 地学前缘, 9(4): 329-338.

李献华, 李正祥, 周汉文, 等. 2002b. 川西南关刀山岩体的SHRIMP锆石U-Pb年龄、元素和Nd同位素地球化学: 岩石成因与构造意义[J]. 中国科学(D辑: 地球科学), 32(S1): 60-68.

李献华, 王选策, 李武显, 等, 2008. 华南新元古代玄武质岩石成因与构造意义: 从造山运动到陆内裂谷[J]. 地球化学, 37(4): 382-398.

李献华, 李武显, 王选策, 等, 2009. 幔源岩浆在南岭燕山早期花岗岩形成中的作用: 锆石原位Hf-O同位素制约[J]. 中国科学(D辑: 地球科学), 39(7): 872-887.

李玉琼, 王金荣, 2018. 东非裂谷、盆岭省和南极洲裂谷玄武岩源区特征对比[J]. 甘肃地质, 27(1): 19-25.

林广春, 李献华, 李武显, 2006. 川西新元古代基性岩墙群的 SHRIMP 锆石 U-Pb 年龄、元素和 Nd-Hf 同位素地球化学: 岩石成因与构造意义[J]. 中国科学(D辑: 地球科学), 36(7): 63.

刘家铎, 张成江, 李佑国, 等, 2007. 攀西地区金属成矿系统[M]. 北京: 地质出版社.

刘建敏, 闫峻, 陈丹丹, 等, 2016. 长江中下游地区繁昌盆地火山岩成因: 锆石 Hf-O 同位素制约[J]. 岩石学报, 32(2): 289-302.

刘树文, 闫全人, 李秋根, 等, 2009a. 扬子克拉通西缘康定杂岩中花岗质岩石的成因及其构造意义[J]. 岩石学报, 25(8): 1883-1896.

刘树文, 杨恺, 李秋根, 等, 2009b. 新元古代宝兴杂岩的岩石成因及其对扬子西缘构造环境的制约[J]. 地学前缘, 16(2): 107-118.

鲁玉龙, 彭建堂, 阳杰华, 等, 2017. 湘中紫云山岩体的成因: 锆石 U-Pb 年代学、元素地球化学及 Hf-O 同位素制约[J]. 岩石学报, 33(6): 1705-1728.

陆松年, 2001. 从罗迪尼亚到冈瓦纳超大陆: 对新元古代超大陆研究几个问题的思考[J]. 地学前缘, 8(4): 441-448.

骆文娟, 2013. 峨眉山大火成岩省无矿基性超基性岩体与含矿岩体对比研究[D]. 北京: 中国地质大学(北京).

裴先治, 丁仁平, 李佐臣, 等, 2009. 龙门山造山带轿子顶新元古代花岗岩锆石 SHRIMP U-Pb 年龄及其构造意义[J]. 西北大学学报(自然科学版), 39(3): 425-433.

秦江锋, 赖绍聪, 李永飞, 等, 2005. 扬子板块北缘阳坝岩体锆石饱和温度的计算及其意义[J]. 西北地质, 38(3): 1-5.

邱家骧, 1985. 岩浆岩岩石学[M]. 北京: 地质出版社.

任光明, 庞维华, 孙志明, 等, 2014. 扬子西缘会理地区通安组角闪岩锆石 U-Pb 定年及其地质意义[J]. 矿物岩石, 34(2): 33-39.

桑隆康, 马昌前, 2012. 岩石学. 2 版[M]. 北京: 地质出版社.

沈保丰, 杨春亮, 翟安民, 等, 2002. 初论华南陆块东南缘在罗迪尼亚(Rodinia)超大陆旋回时的成矿作用[J]. 矿床地质, 21(S1): 61-62.

沈渭洲, 高剑峰, 徐士进, 等, 2002. 扬子板块西缘泸定桥头基性杂岩体的地球化学特征和成因[J]. 高校地质学报, 8(4): 380-389.

四川省地质矿产局, 1991. 四川省区域地质志[M]. 北京: 地质出版社.

万渝生, 刘敦一, 董春艳, 等, 2011. 高级变质作用对锆石 U-Pb 同位素体系的影响: 胶东栖霞地区变质闪长岩锆石定年[J]. 地学前缘, 18(2): 17-25.

王德滋, 周金城, 1999. 我国花岗岩研究的回顾与展望[J]. 岩石学报, 15(2): 161-169.

王冠, 孙丰月, 李碧乐, 等, 2013. 东昆仑夏日哈木矿区早泥盆世正长花岗岩锆石 U-Pb 年代学、地球化学及其动力学意义[J]. 大地构造与成矿学, 37(4): 685-697.

王剑, 2000. 华南新元古代裂谷盆地演化: 兼论与 Rodinia 解体的关系[M]. 北京: 地质出版社.

王金荣, 陈万峰, 张旗, 等, 2017a. MORB 数据挖掘: 玄武岩判别图反思[J]. 大地构造与成矿学, 41(2): 420-431.

王金荣, 陈万峰, 张旗, 等, 2017b. N-MORB 和 E-MORB 数据挖掘: 玄武岩判别图及洋中脊源区地幔性质的讨论[J]. 岩石学报, 33(3): 993-1005.

王金荣, 潘振杰, 张旗, 等, 2016. 大陆板内玄武岩数据挖掘: 成分多样性及在判别图中的表现[J]. 岩石学报, 32(7): 1919-1933.

王梦玺, 王焰, 赵军红, 2012. 扬子板块北缘周庵超镁铁质岩体锆石 U-Pb 年龄和 Hf-O 同位素特征: 对源区性质和 Rodinia 超大陆裂解时限的约束[J]. 科学通报, 57(34): 3283-3294.

王选策, 高山, 刘勇胜, 2003. 扬子克拉通后太古宙碎屑沉积岩地球化学及其构造意义[J]. 地球科学, 28(3): 250-254.

吴福元, 李献华, 杨进辉, 等, 2007a. 花岗岩成因研究的若干问题[J]. 岩石学报, 23(6): 1217-1238.

吴福元, 李献华, 郑永飞, 等, 2007b. Lu-Hf 同位素体系及其岩石学应用[J]. 岩石学报, 23(2): 185-220.

吴锁平, 王梅英, 戚开静, 2007. A 型花岗岩研究现状及其述评. 岩石矿物学杂志, 26(1): 57-66.

吴元保, 郑永飞, 2004. 锆石成因矿物学研究及其对 U-Pb 年龄解释的制约[J]. 科学通报, 49(16): 1589-1604.

肖庆辉, 2002. 花岗岩研究思维与方法[M]. 北京: 地质出版社.

徐久磊, 郑常青, 施璐, 等, 2013. 大兴安岭北段雅尔根楚 I 型花岗岩年代学、岩石地球化学及其地球动力学意义[J]. 地质学报, 87(9): 1311-1323.

徐克勤, 胡受奚, 孙明志, 等, 1983. 论花岗岩的成因系列: 以华南中生代花岗岩为例[J]. 地质学报, 57(2): 107-118.

徐义刚, 1999. 上地幔橄榄岩粒间组分的微量元素特征及其成因探讨[J]. 科学通报, 44(15): 1670-1675.

徐义刚, 2002. 地幔柱构造、大火成岩省及其地质效应[J]. 地学前缘, 9(4): 341-353.

徐义刚, 何斌, 黄小龙, 等, 2007. 地幔柱大辩论及如何验证地幔柱假说[J]. 地学前缘, 14(2): 1-9.

许保良, 阎国翰, 张臣, 等, 1998. A 型花岗岩的岩石学亚类及其物质来源[J]. 地学前缘, 5(3): 113-124.

阳杰华, 刘亮, 刘佳, 2017. 华南中生代大花岗岩省成岩成矿作用研究进展与展望[J]. 矿物学报, 37(6): 791-800.
杨登华, 1948. 峨嵋山花岗岩时代问题之一佐证[J]. 地质论评, (S3): 341-344.
杨进辉, 吴福元, 钟孙霖, 等, 2008. 华北东部早白垩世花岗岩侵位的伸展地球动力学背景: 激光 $^{40}Ar/^{39}Ar$ 年代学证据[J]. 岩石学报, 24(6): 1175-1184.
杨婧, 王金荣, 张旗, 等, 2016a. 全球岛弧玄武岩数据挖掘: 在玄武岩判别图上的表现及初步解释[J]. 地质通报, 35(12): 1937-1949.
杨婧, 王金荣, 张旗, 等, 2016b. 弧后盆地玄武岩(BABB)数据挖掘: 与 MORB 及 IAB 的对比[J]. 地球科学进展, 31(1): 66-77.
杨立, 2019. 泸定地区花岗岩类锆石 U-Pb 年代学及地球化学特征[D]. 成都: 成都理工大学.
杨柳晨, 2017. 新疆百灵山岩体中-基性脉岩地球化学特征及其构造意义[D]. 西安: 长安大学.
杨朋涛, 刘树文, 李秋根, 等, 2012. 南秦岭铁瓦殿岩体的成岩时代及地质意义[J]. 地质学报, 86(9): 1525-1540.
尹超, 2015. 扬子西缘会理群天宝山组火山岩地球化学及构造意义研究[D]. 北京: 中国地质大学(北京).
云南省地质矿产局, 1990. 云南省区域地质志[M]. 北京: 地质出版社.
张沛, 周祖翼, 许长海, 等, 2008. 川西龙门山彭灌杂岩地球化学特征: 岩石成因与构造意义[J]. 大地构造与成矿学, 32(1): 105-116.
张旗, 2017. 利用大数据方法研究玄武岩构造环境判别图[C]//中国矿物岩石地球化学学会. 中国矿物岩石地球化学学会第九次全国会员代表大会暨第 16 届学术年会文集. 贵阳: 中国矿物岩石地球化学学会: 1008-1009.
张旗, 李承东, 2012. 花岗岩: 地球动力学意义[M]. 北京: 海洋出版社.
张旗, 冉皞, 李承东, 2012. A 型花岗岩的实质是什么?[J]. 岩石矿物学杂志, 31(4): 621-626.
张旗, 许继峰, 王焰, 等, 2004. 埃达克岩的多样性[J]. 地质通报, 23(9): 959-965.
张旗, 王焰, 李承东, 等, 2006. 花岗岩的 Sr-Yb 分类及其地质意义[J]. 岩石学报, 22(9): 2249-2269.
张旗, 殷先明, 殷勇, 等, 2009. 西秦岭与埃达克岩和喜马拉雅型花岗岩有关的金铜成矿及找矿问题[J]. 岩石学报, 25(12): 3103-3122.
张旗, 金惟俊, 李承东, 等, 2010a. 再论花岗岩按照 Sr-Yb 的分类: 标志[J]. 岩石学报, 26(4): 985-1015.
张旗, 金惟俊, 王焰, 等, 2010b. 花岗岩与金铜及钨锡成矿的关系[J]. 矿床地质, 29(5): 729-759.
张旗, 王金荣, 陈万峰, 等, 2018. 全球数据库数据研究的初步进展[J]. 甘肃地质, 27(1): 1-11.
张少兵, 郑永飞, 2011. 低 $\delta^{18}O$ 岩浆岩的成因[J]. 岩石学报, 27(2): 520-530.
张少兵, 郑永飞, 2013. 华南陆块新元古代低 $\delta^{18}O$ 岩浆岩的时空分布[J]. 科学通报, 58(23): 2344-2350.
张文慧, 王翠芝, 李晓敏, 等, 2016. 闽西南基性岩脉中捕获锆石 SIMS U-Pb 年龄及 Hf、O 同位素特征[J]. 地球科学进展, 31(3): 320-334.
赵俊香, 陈岳龙, 李志红, 2006. 康定杂岩锆石 SHRIMP U-Pb 定年及其地质意义[J]. 现代地质, 20(3): 378-385.
赵晓燕, 杨竹森, 侯增谦, 等, 2013. 西藏邦铺矿区辉绿玢岩成因及对区域构造岩浆演化的指示[J]. 岩石学报, 29(11): 3767-3778.
周汉文, 李献华, 王汉荣, 等, 2002. 广西鹰扬关群基性火山岩的锆石 U-Pb 年龄及其地质意义[J]. 地质论评, 48(增刊): 22-25.

朱维光, 邓海琳, 刘秉光, 等, 2004. 四川盐边高家村镁铁-超镁铁质杂岩体的形成时代: 单颗粒锆石U-Pb和角闪石^{40}Ar/^{39}Ar年代学制约[J]. 科学通报, 49(10): 985-992.

Allegre C J, Minster J F, 1978. Quantitative models of trace element behavior in magmatic processes[J]. Earth & Planetary Science Letters, 38(1): 1-25.

Amelin Y, Lee D C, Halliday A N, et al., 1999. Nature of the Earth's earliest crust from hafnium isotopes in single detrital zircons[J]. Nature, 399(6733): 252-255.

Anderson D L, 1982. Hotspots, polar wander, Mesozoic convection and the geoid[J]. Nature, 297: 391-393.

Anderson J L, Bender E E, 1989. Nature and origin of Proterozoic A-type granitic magmatism in the southwestern United States of America[J]. Lithos, 23(1-2): 19-52.

Arndt N T, Christensen U, 1992. The role of lithospheric mantle in continental flood volcanism: Thermal and geochemical constraints[J]. Journal of Geophysical Research: Solid Earth, 97(B7): 10967-10981.

Arndt N T, Czamanske G K, Wooden J L, et al., 1993. Mantle and crustal contributions to continental flood volcanism[J]. Tectonophysics, 223(1-2): 39-52.

Barth M G, McDonough W F, Rudnick R L, 2000. Tracking the budget of Nb and Ta in the continental crust[J]. Chemical Geology, 165(3-4): 197-213.

Bartolini A, Larson R L, 2001. Pacific microplate and the Pangea supercontinent in the early to Middle Jurassic[J]. Geology, 29(8): 735-738.

Bindeman I, 2008. Oxygen Isotopes in mantle and crustal magmas as revealed by single crystal analysis[J]. Reviews in Mineralogy and Geochemistry, 69(1): 445-478.

Bindeman I, 2011. When do we need pan-global freeze to explain δ^{18}O-depleted zircons and rocks?[J]. Geology, 39(8): 799-800.

Bindeman I N, Valley J W, 2000. Formation of low-δ^{18}O rhyolites after caldera collapse at Yellowstone, Wyoming, USA[J]. Geology, 28(8): 719-722.

Bindeman I N, Eiler J M, Yogodzinski G M, et al., 2005. Oxygen isotope evidence for slab melting in modern and ancient subduction zones [J]. Earth and Planetary Science Letters, 235(3-4): 480-496.

Bindeman I N, Watts K E, Schmitt A K, et al., 2007. Voluminous low δ^{18}O magmas in the Late Miocene Heise volcanic field, Idaho: Implications for the fate of Yellowstone hotspot calderas [J]. Geology, 35(11): 1019-1022.

Bindeman I N, Fu B, Kita N T, et al., 2008. Origin and evolution of silicic magmatism at yellowstone based on ion microprobe analysis of isotopically zoned zircons[J]. Journal of Petrology, 49(1): 163-193.

Blichert T J, Chauvel C, Albarède F, 1997. Separation of Hf and Lu for high-precision isotope analysis of rock samples by magnetic sector-multiple collector ICP-MS[J]. Contributions to Mineralogy and Petrology, 127(3): 248-260.

Bonin B, 1990. From orogenic to anorogenic settings: Evolution of granitoid suites after a major orogenesis[J]. Geological Journal, 25: 261-270.

Bonin B, 2007. A-type granites and related rocks: Evolution of a concept, problems and prospects[J]. Lithos, 97(1-2): 1-29.

Bonin B, Azzouni-Sekkal A, Bussy F, et al., 1998. Alkali-calcic and alkaline post-orogenic (PO) granite magmatism: Petrologic constraints and geodynamic settings. Lithos, 45: 45-70.

Borg S G, Depaolo D J, Smith B M, 1990. Isotopic structure and tectonics of the central transantarctic mountains[J]. Journal of Geophysical Research: Solid Earth, 95(B5): 6647-6667.

Boroughs S, Wolff J, Bonnichsen B, et al., 2005. Large volume, low δ^{18} O rhyolites of the central Snake River Plain, Idaho, USA [J]. Geology, 33(10): 821-824.

Breiter K, 2012. Nearly contem poraneous evolution of the A-and S-type fractionated granites in the Kruné hory/Erzgebirge Mts, Central Europe[J], Lithos, 151: 105-121.

Brookfield M E, 1993. Neoproterozoic Laurentia-Australia fit[J]. Geology, 21(8): 683-686.

Cartwright I, Valley J W, 1991. Low ^{18}O Scourie dike magmas from the Lewisian complex, northwestern Scotland [J]. Geology, 19(6): 578-581.

Cawood P A, Zhao G C, Yao J L, et al., 2018. Reconstructing South China in Phanerozoic and Precambrian supercontinents[J]. Earth-Science Reviews, 186: 173-194.

Chapman J B, Ducea M N, DeCelles P G, et al., 2015. Tracking changes in crustal thickness during orogenic evolution with Sr/Y: An example from the North American Cordillera[J]. Geology, 43(10): 919-922.

Chappell B W, 1974. Two contrasting granite type[J]. Pacific Geology, 8: 173-174.

Chappell B W, White A R, 1992. I- and S-type granites in the Lachlan fold belt [J]. Transactions of the Royal Society of Edinburgh Earth Sciences, 83(1-2): 1-26.

Chappell B W, White A J R, 2001. Two contrasting granite types: 25 years later[J]. Australian Journal of Earth Sciences, 48(4): 489-499.

Chappell B W, Bryant C J, Wyborn D, 2012. Peraluminous I-type granites [J]. Lithos, 153(8), 142-153.

Chen J, Foland K A, Xing F, et al., 1991. Magmatism along the southeast margin of the Yangtze block: Precambrian collision of the Yangtze and Cathysia blocks of China[J]. Geology, 19(8): 815-818.

Chen Y, Ye K, Liu J B, et al., 2006. Multistage metamorphism of the Huangtuling granulite, Northern Dabie Orogen, eastern China: implications for the tectonometamorphic evolution of subducted lower continental crust[J]. Journal of Metamorphic Geology, 24: 633-654.

Chen W T, Zhou M F, Zhao X F, 2013. Late Paleoproterozoic sedimentary and mafic rocks in the Hekou area, SW China: Implication for the reconstruction of the Yangtze Block in Columbia[J]. Precambrian Research, 231: 61-77.

Chen W T, Sun W H, Wang W, et al., 2014. Grenvillian intra-plate mafic magmatism in the southwestern Yangtze Block, SW China[J]. Precambrian Research, 242: 138-153.

Cherniak D J, 2003. Diffusion in zircon[J]. Reviews in Mineralogy and Geochemistry, 53(1): 113-143.

Chiaradia M, 2015. Crustal thickness control on Sr/Y signatures of recent arc magmas: An Earth scale perspective[J]. Scientific Reports, 5(1): 8115.

Chorowicz J, 2005. The East African Rift system[J]. Journal of African Earth Sciences, 43(1-3): 379-410.

Chu N C, Taylor R N, Chavagnac V, et al., 2002. Hf isotope ratio analysis using multi-collector inductively coupled plasma mass spectrometry: An evaluation of isobaric interference corrections[J]. Journal of Analytical Atomic Spectrometry, 17(12): 1567-1574.

Collins W J, 1994. Upper-and middle-crustal response to delamination: An example from the Lachlan fold belt, eastern Australia[J]. Geology, 22(2): 143-146.

Collins W J, Beams S D, White A J R. et al., 1982. Nature and origin of A-type granites with particular reference to southeastern Australia[J]. Contributions to Mineralogy and Petrology, 80(2): 189-200.

Condie K, 2001. Continental growth during formation of rodinia at 1. 35-0. 9 Ga[J]. Gondwana Research, 4(1): 5-16.

Condomines M, Grönvold K, Hooker P J, et al., 1983. Helium, oxygen, strontium and neodymium isotopic relationships in Icelandic volcanics [J]. Earth and Planetary Science Letters, 66: 125-136.

Costa S, Rey P, 1995. Lower crustal rejuvenation and growth during post-thickening collapse: Insights from a crustal cross section through a Variscan metamorphic core complex[J]. Geology, 23(10): 905-908.

Courtillot V, Davaille A, Besse J, et al., 2003. Three distinct types of hotspots in the Earth' s mantle [J]. Earth and Planetary Science Letters, 205(3-4): 295-308.

Creaser R A, Price R C, Wormald R J, 1991. A-type granites revisited: Assessment of aresidual-source model[J]. Geology, 19(2): 163-166.

Cui X Z, Jiang X S, Wang J, et al., 2013. Zircon U-Pb Geochronology for the Stratotype Section of the Neoproterozoic Chengjiang Formation in Central Yunnan and Its Geological Significance[J]. Geoscience, 27(3): 547-556.

Cui X Z, Jiang X S, Wang J, et al., 2014. Filling sequence and evolution model of the neoproterozoic rift basin in central Yunnan Province, South China: Response to the Breakup of Rodinia Supercontinent[J]. Acta Sedimentol Sin, 32: 399-409

Cui X Z, Jiang X S, Wang J, et al., 2015. New evidence for the formation age of basalts from the lowermost Chengjiang Formation in the western Yangtze Block and its geological implications[J]. Acta Petrol Mineral, 34(1): 1-13.

Dall' Agonl R, de Oliveira D C, 2007. Oxidized, magnetite series, rapakivi-type granites of Carajás, Brazil: Implications for classification and petrogenesis of A-type granites[J]. Lithos, 93(3-4): 215-233.

Dall' Agonl R, Frost C D, Rämö O T, 2012. IGCP Project 510 "A-type granites and related rocks through time" : Project vita, results, and contribution to granite research[J]. Lithos, 151: 1-16.

Dalziel I W D, 1997. Neoproterozoic-Paleozoic geography and tectonics: Review, hypothesis, environmental speculation[J]. Geological Society of America Bulletin, 109(1): 16-42.

De la Roche H, Leterrier J, Grande Claude P, et al., 1980. A classification of volcanic and plutonic rocks using R1R2-diagram and major-element analyses: It' s relationships with current nomenclature[J]. Chemical Geology, 29(1-4): 183-210.

Deckart K, Bertrand H, Liégeois J P, 2005. Geochemistry and Sr, Nd, Pb isotopic composition of the Central Atlantic Magmatic Province(CAMP) in Guyana and Guinea[J]. Lithos, 82(3-4): 289-314.

Dong Y P, Liu X M, Santosh M, et al., 2012. Neoproterozoic accretionary tectonics along the northwestern margin of the Yangtze Block, China: Constraints from zircon U-Pb geochronology and geochemistry[J]. Precambrian Research, 196-197(1): 247-274.

Dorais M J, Tubrett M, 2008. Identification of a subduction zone component in the Higganum dike, Central Atlantic Magmatic province: A LA-ICPMS study of clinopyroxene with implications for flood basalt petrogenesis[J]. Geochemistry, Geophysics, Geosystems, 9(10): doi: 10. 1029/2008GC002079.

Dostal J, Fratta M, 1977. Trace element geochemistry of a Precambrian diabase dike from West Ontario[J]. Canadian Journal of Earth Sciences, 14(12): 2941-2944.

Dungan M A, Lindstrom M M, McMillan N J, et al., 1986. Open system magmatic evolution of the Taos Plateau volcanic field, northern New Mexico: 1. The petrology and geochemistry of the Servilleta Basalt[J]. Journal of Geophysical Research: Solid Earth, 91(B6): 5999-6028.

Eby G N, 1992. Chemical subdivision of the A-type granitoids: Petrogenetic and tectonic implications[J]. Geology, 20(7): 641-644.

Eiler J M, Grönvold K, Kitchen N, 2000. Oxygen isotope evidence for the origin of chemical variations in lavas from Theistareykir volcano in Iceland' s northern volcanic zone[J]. Earth and Planetary Science Letters, 184(1): 269-286.

Engel A E J, Engel C G, Havens R G, 1965. Chemical characteristics of oceanic basalts and the upper mantle [J]. Geological Society of America Bulletin, 76(7): 719-743.

Ernst R E, Head J W, Parfitt E, et al., 1995. Giant radiating dyke swarms on Earth and Venus[J]. Earth-Science Reviews, 39(1-2): 1-58.

Ernst R E, Wingate M T D, Buchan K L, et al., 2008. Global record of 1600-700Ma Large Igneous Provinces(LIPs): Implications for the reconstruction of the proposed Nuna(Columbia) and Rodinia supercontinents [J]. Precambrian Research, 160(1-2): 159-178.

Fisher C M, Vervoort J D, Hanchar J M, 2014. Guidelines for reporting zircon Hf isotopic data by LA-MC-ICPMS and potential pitfalls in the interpretation of these data[J]. Chemical Geology, 363: 125-133.

Forester R W, Taylor H P Jr, 1976. ^{18}O depleted igneous rocks from the Tertiary complex of the Isle of Mull, Scotland [J]. Earth and Planetary Science Letters, 32(1): 11-17.

Fratta M, Shaw D M, 1974. Residence contamination of K, Rb, Li and Ti in diabase dikes[J]. Canadian Journal of Earth Sciences, 11(3): 422-429.

Frey F A, Green D H, Roy S D, 1978. Integrated models of basalt petrogenesis: A study of quartz tholeiites to olivine melilitites from south eastern Australia utilizing geochemical and experimental petrological data[J]. Journal of Petrology, 19(3): 463-513.

Friedman I, Lipman P, Obradovich J D. 1974. Meteoric water in magmas[J]. Science, 184: 1069 -1072.

Frimmel H, Zartman R, Späth A, 2001. The richtersveld igneous complex, South Africa: U-Pb zircon and geochemical evidence for the beginning of Neoproterozoic continental breakup[J]. The Journal of Geology, 109(4): 493-508.

Frost C D, Frost B R, 1997. Reduced rapakivi-type granites: The tholeiite connection[J]. Geology, 25(7): 647-650.

Frost C D, Frost B R, 2011. On ferroan (A-type) granitoids: Their compositional variability and modes of origin[J]. Journal of Petrology, 52(1): 39-53.

Frost C D, Frost B R, Chamberlain K R, et al., 1999. Petrogenesis of the 1. 43 Ga Sherman batholith, SE Wyoming, USA: A reduced, rapakivi-type anorogenic granite[J]. Journal of Petrology, 40(12): 1771-1802.

Fu B, Kita N T, Wilde S A, et al., 2013. Origin of the Tongbai-Dabie-Sulu Neoproterozoic low-$\delta^{18}O$ igneous province, east-central China[J]. Contributions to Mineralogy and Petrology, 165(4): 641-662.

Gao S, Luo T C, Zhang B R, et al., 1998. Chemical composition of the continental crust as revealed by studies in East China[J]. Geochimica et Cosmochimica Acta, 62(11): 1959-1975.

Gao Y Y, Li X H, Griffin W L, et al., 2014. Screening criteria for reliable U-Pb geochronology and oxygen isotope analysis in uranium-rich zircons: A case study from the Suzhou A-type granites, SE China[J]. Lithosphere, 192-195: 180-191.

Ge R F, Zhu W B, Wilde S A, et al., 2014. Neoproterozoic to Paleozoic long-lived accretionary orogeny in the northern Tarim Craton[J]. Tectonics, 33(3): 302-329.

Geisler T, Ulonska M, Schleicher H, et al., 2001. Leaching and differential recrystallization of metamict zircon under experimental hydrothermal conditions[J]. Contributions to Mineralogy and Petrology, 141(1): 53-65.

Geng Y S, Yang C H, Du L L, et al., 2007. Chronology and tectonic environment of the Tianbaoshan Formation: new evidence from zircon SHRIMP U-Pb age and geochemistry [J]. Geological Review, 53(4): 556-563.

Gibson S A, Thompson R N, Day J A, 2006. Timescales and mechanisms of plume-lithosphere interactions: $^{40}Ar/^{39}Ar$ geochronology and geochemistry of alkaline igneous rocks from the Paraná-Etendeka large igneous province[J]. Earth and Planetary Science Letters, 251(1-2): 1-17.

Gilliam C E, Valley J W, 1997. Low $\delta^{18}O$ magma, Isle of Skye, Scotland: Evidence from zircons [J]. Geochimica et Cosmochimica Acta, 61(23): 4975-4981.

Goldfarb R J, Phillips G N, Nokleberg W J, 1998. Tectonic setting of synorogenic gold deposits of the Pacific Rim [J]. Ore Geology Reviews, 13(1-5): 185-218.

Greentree M R, Li Z X, Li X H, et al., 2006. Late Mesoproterozoic to earliest Neoproterozoic basin record of the Sibao orogenesis in western South China and relationship to the assembly of Rodinia[J]. Precambrian Research, 151(1-2): 79-100.

Griffin W L, Pearson N J, Belousova E, et al., 2000. The Hf isotope composition of cratonic mantle: LAM-MC-ICPMS analysis of zircon megacrysts in kimberlites[J]. Geochimica et Cosmochimica Acta, 64(1): 133-147.

Harris C, Ashwal L D, 2002. The origin of low $\delta^{18}O$ granites and related rocks from the Seychelles [J]. Contributions to Mineralogy and Petrology, 143(3): 366-376.

Harris N B W, Inger S, 1992. Trace element modelling of pelite-derived granites[J]. Contributions to Mineralogy and Petrology, 110(1): 46-56.

He Q, Zhang S B, Zheng Y F, 2016. High temperature glacial meltwater–rock reaction in the Neoproterozoic: Evidence from zircon in situ oxygen isotopes in granitic gneiss from the Sulu orogen [J]. Precambrian Research, 284: 1-13.

Heaman L M, LeCheminant A N, Rainbird R H, 1992. Nature and timing of Franklin igneous events, Canada: Implications for a Late Proterozoic mantle plume and the break-up of Laurentia[J]. Earth and Planetary Science Letters, 109(1-2): 117-131.

Heinonen J S, Carlson R W, Luttinen A V, 2010. Isotopic(Sr, Nd, Pb and Os)composition of highly magnesian dikes of Vestfjella, western Dronning Maud Land, Antarctica: A key to the origins of the Jurassic Karoo large igneous province?[J]. Chemical Geology, 277(3-4): 227-244.

Hildreth W, Christiansen R L, O' Neil J R, 1984. Catastrophic isotopic modification of rhyolitic magma at times of caldera subsidence, Yellowstone Plateau volcanic field[J]. Journal of Geophysical Research: Solid Earth, 89(B10): 8339-8369.

Hoefs J, 2009. Stable Isotope Geochemistry [M]. Berlin: SpringerVerlag.

Hoffman P F, 1991. Did the breakout of laurentia turn gondwanaland inside-out?[J]. Science, 252(5011): 1409-1412.

Hoskin P W O, Black L P, 2000, Metamorphic zircon formation by solid-state recrystallization of protolith igneous zircon[J]. Journal of Metamorphic Geology, 18(4): 423-439.

Hoskin P W O, Schaltegger U, 2003. The composition of zircon and igneous and metamorphic petrogenesis [J]. Reviews in Mineralogy and Geochemistry, 53(1): 27-62.

Hu F Y, Ducea M N, Liu S W, et al., 2017. Quantifying crustal thickness in continental collisional belts: global perspective and a geologic application[J]. Scientific Reports, 7(1): 58-70.

Hu Z C, Gao S, Liu Y S, et al., 2008a. Signal enhancement in laser ablation ICP-MS by addition of nitrogen in the central channel gas[J]. Journal of Analytical Atomic Spectrometry, 23(8): 1093-1101.

Hu Z C, Liu Y S, Gao S, et al., 2008b. A local aerosol extraction strategy for the determination of the aerosol composition in laser ablation inductively coupled plasma mass spectrometry[J]. Journal of Analytical Atomic Spectrometry, 23(9): 1192-1203.

Hu Z C, Liu Y S, Gao S, et al., 2012a. A "wire" signal smoothing device for laser ablation inductively coupled plasma mass spectrometry analysis[J]. Spectrochimica Acta Part B: Atomic Spectroscopy, 78: 50-57.

Hu Z C, Liu Y S, Gao S, et al., 2012b. Improved in situ Hf isotope ratio analysis of zircon using newly designed X skimmer cone and Jet sample cone in combination with the addition of nitrogen by laser ablation multiple collector ICP-MS[J]. Journal of Analytical Atomic Spectrometry, 27(9): 1391-1399.

Huang D L, Wang X L, Xia X P, et al., 2019. neoproterozoic low-δ^{18}O zircons revisited: implications for rodinia configuration[J]. Geophysical Research Letters, 46(2): 678-688.

Huang S F, Wang W, Zhao J H, et al., 2018. Petrogenesis and geodynamic significance of the ~850 Ma Dongling A-type granites in South China[J]. Lithos, 318: 176-193.

Huang X L, Xu Y G, Li X H, et al., 2008. Petrogenesis and tectonic implications of Neoproterozoic, highly fractionated A-type granites from Mianning, South China[J]. Precambrian Research, 165(3-4): 190-204.

Irvine T N, Baragar W R A, 1971. A guide to the chemical classification of the common volcanic rocks[J]. Canadian Journal of Earth Sciences, 8(5): 523-548.

Jiang X W, Zou H, Bagas L, et al., 2021. The Mojiawan I-type granite of the Kangding Complex in the western Yangtze Block: New constraint on the Neoproterozoic magmatism and tectonic evolution of South China[J]. International Geology Review, 63(18): 2293-2313.

John K Z, Bhaskar Y J, Srinivasan R, et al., 1999, Pb, Sr and Nd isotope systematics of uranium mineralised stromatolitic dolomites from the proterozoic Cuddapah Supergroup, south India: Constraints on age and provenance. Chemical Geology, 162: 49–64.

Karlstrom K E, Harlan S S, Williams M L, et al., 1999. Refining Rodinia: Geologic evidence for the Australia/Western USA [J]. Connection in the Proterozoic. GSA Today, 9-17.

Keppler H, 1996. Constraints from partitioning experiments on the composition of subduction-zone fluids[J]. Nature, 380: 237-240.

Kerr A C, Mahoney J J, 2007. Oceanic plateaus: Problematic plumes, potential paradigms[J]. Chemical Geology, 241(3-4): 332-353.

King P L, White A J R, Chappell B W et al., 1997. Characterization and origin of aluminous A-type granites from the Lachlan Fold Belt, Southeastern Australia[J]. Journal of Petrology, 38(3): 371-391.

Kinny P D, Mass R, 2003. Lu-Hf and Sm-Nd Isotope systems in zircon[J]. Reviews in Mineralogy and Geochemistry, 53(1): 327-341.

Lai S C, Qin J F, Zhu R Z, et al., 2015. Neoproterozoic quartz monzodiorite–Granodiorite association from the Luding–Kangding area: Implications for the interpretation of an active continental margin along the Yangtze Block (South China Block) [J]. Precambrian Research, 267(3-4): 196-208.

Landenberger B, Collins W J, 1996. Derivation of A-type granites from a dehydrated charnockitic lower crust: Evidence from the Chaelundi complex[J]. Eastern Australia. Journal of Petrology, 37(1): 145-170.

Larson P B, Geist D J, 1995. On the origin of low ^{18}O magmas: Evidence from the Casto pluton, Idaho [J]. Geology, 23(10): 909-912.

Larson R L, 1991. Geological consequences of superplumes[J]. Geology, 19(10): 963-966.

Lemaitre R W, International Union of Geological Sciences (IUGS), 2002. Igneous Rocks: A classification and glossary of terms, ededition[M]. UK: Cambridge University Press.

Li C S, Arndt N T, Tang Q Y et al., 2015. Trace element indiscrimination diagrams[J]. Lithos, 232: 76-83

Li N, Song X L, Xiao K Y, et al., 2018. Part Ⅱ: A demonstration of integrating multiple-scale 3D modelling into GIS-based prospectivity analysis: A case study of the Huayuan-Malichang district, China[J]. Ore Geology Reviews, 95: 292-305.

Li Q L, Li X H, Liu Y, et al., 2010. Precise U-Pb and Pb-Pb dating of Phanerozoic baddeleyite by SIMS with oxygen flooding technique[J]. Journal of Analytical Atomic Spectrometry, 25(7): 1107-1113.

Li W X, Li X H, Li Z X, 2005. Neoproterozoic bimodal magmatism in the Cathaysia Block of South China and its tectonic significance[J]. Precambrian Research, 136(1): 51-66.

Li W X, Li X H, Li Z X, 2008a. Middle Neoproterozoic syn-rifting volcanic rocks in Guangfeng, South China: Petrogenesis and tectonic significance[J]. Geological Magazine, 145(4): 475-489.

Li W X, Li X H, Li Z X, et al., 2008. Obduction-type granites within the NE Jiangxi Ophiolite: Implications for the final amalgamation between the Yangtze and Cathaysia Blocks[J]. Gondwana Research, 13(3): 288-301.

Li X H, 1999. U-Pb zircon ages of granites from the southern margin of the Yangtze Block: Timing of Neoproterozoic Jinning Orogeny in SE China and implications for Rodinia assembly[J]. Precambrian Research, 97(1-2): 43-57.

Li X H, Li Z X, Zhou H W, et al., 2002. U-Pb zircon geochronology, geochemistry and Nd isotopic study of Neoproterozoic bimodal volcanic rocks in the Kangdian Rift of South China: Implications for the initial rifting of Rodinia[J]. Precambrian Research, 113(1-2): 135-154.

Li X H, Li Z X, Ge W C, et al., 2003. Neoproterozoic granitoids in South China: Crustal melting above a mantle plume at ca. 825Ma[J]. Precambrian Research, 122(1-4): 45-83.

Li X H, Li Z X, Wingate M T D, et al., 2006. Geochemistry of the 755Ma Mundine Well dyke swarm, northwestern Australia: Part of a Neoproterozoic mantle superplume beneath Rodinia[J]? Precambrian Research, 146(1-2): 1-15.

Li X H, Li W X, Li Z X, et al., 2008. 850～790Ma bimodal volcanic and intrusive rocks in northern Zhejiang, South China: A major episode of continental rift magmatism during the breakup of Rodinia[J]. Lithos, 102(1-2): 341-357.

Li X H, Li W X, Wang X C, et al., 2009a. Role of mantle-derived magma in genesis of early Yanshanian granites in the Nanling Range, South China: In situ zircon Hf-O isotopic constraints[J]. Science in China (Series D: Earth Sciences), 52(9): 1262-1278.

Li X H, Liu Y, Li Q L, et al., 2009b. Precise determination of Phanerozoic zircon Pb/Pb age by multicollector SIMS without external standardization[J]. Geochemistry, Geophysics, Geosystems, 10(4): Q04010.

Li X H, Li W X, Li Q L, et al., 2010a. Petrogenesis and tectonic significance of the ～850 Ma Gangbian alkaline complex in South China: Evidence from in situ zircon U-Pb dating, Hf-O isotopes and whole-rock geochemistry[J]. Lithos, 114(1-2): 1-15.

Li X H, Long W G, Li Q L, et al., 2010b. Penglai zircon megacrysts: A potential new working reference material for microbeam determination of Hf-O isotopes and U-Pb age[J]. Geostandards and Geoanalytical Research, 34(2): 117-134.

Li X H, Zhu W G, Zhong H, et al., 2010c. The Tongde Picritic Dikes in the Western Yangtze Block: Evidence for Ca. 800Ma Mantle Plume Magmatism in South China during the breakup of Rodinia[J]. The Journal of Geology, 118(5): 509-522.

Li Y, Ma C Q, Xing G F, et al., 2015. Origin of a Cretaceous low ^{18}O granitoid complex in the active continental margin of SE China [J]. Lithos, 216: 136-147.

Li Z X, Zhang L H, Powell C M, 1995. South China in Rodinia: Part of the missing link between Australia-East Antarctica and Laurentia?[J]. Geology, 23(5): 407-410.

Li Z X, Zhang L, Powell C M, 1996. Positions of the East Asian cratons in the eoproterozoic supercontinent Rodinia [J]. Journal of the Geological Society of Australia, 43(6): 593-604.

Li Z X, Li X H, Kinny P D, et al., 1999. The breakup of Rodinia: Did it start with a mantle plume beneath South China?[J]. Earth and Planetary Science Letters, 173(3): 171-181.

Li Z X, Li X H, Zhou H W, et al., 2002. Grenvillian continental collision in South China: new SHRIMP U- Pb zircon results and implications for the configuration of Rodinia[J]. Geology, 30(2): 163-166.

Li Z X, Li X H, Kinny P D, et al., 2003. Geochronology of Neoproterozoic syn-rift magmatism in the Yangtze Craton, South China and correlations with other continents: Evidence for a mantle superplume that broke up Rodinia[J]. Precambrian Research, 122(1-4): 85-109.

Li Z X, Bogdanova S V, Collins A S, et al., 2008. Assembly, configuration, and break-up history of Rodinia: A synthesis[J]. Precambrian Research, 160(1-2): 179-210.

Li Z X, Evans D A D, Halverson G P, 2013. Neoproterozoic glaciations in a revised global palaeogeography from the breakup of Rodinia to the assembly of Gondwanaland[J]. Sedimentary Geology, 294: 219-232.

Ling W L, Gao S, Zhang B R, et al., 2003. Neoproterozoic tectonic evolution of the northwestern Yangtze craton, South China: Implications for amalgamation and break-up of the Rodinia Supercontinent[J]. Precambrian Research, 122(1-4): 111-140.

Liu J B, Zhang L M, 2013. Neoproterozoic low to negative $\delta^{18}O$ volcanic and intrusive rocks in the Qinling Mountains and their geological significance[J]. Precambrian Research, 230: 138-167.

Liu S, Hu R Z, Gao S, et al., 2010. Zircon U-Pb age and Sr-Nd-Hf isotope geochemistry of Permian granodiorite and associated gabbro in the Songliao Block, NE China and implications for growth of juvenile crust[J]. Lithos, 114(3-4): 423-436.

Liu Y S, Gao S, Hu Z C, et al., 2010. Continental and oceanic crust recycling-induced melt-peridotite interactions in the Trans-North China Orogen: U-Pb dating, Hf isotopes and trace elements in zircons of mantle xenoliths[J]. Journal of Petrology, 51(1-2): 537-571.

Liu Z, Tan S C, He X H, et al., 2019. Petrogenesis of mid-Neoproterozoic(ca. 750 Ma) mafic and felsic intrusions in the Ailao Shan-Red River belt: Geochemical constraints on the paleogeographic position of the South China block[J]. Lithosphere, 11(3): 348-364.

Loiselle M C. Wones D S, 1979. Characteristics and origin of Anorogenic granites[J]. Geological Society of America, Abstracts with Programs, 11: 468.

Lu L Z, 1989. The metamorphic series and crustal evolution of the basement of the Yangtze platform[J]. Journal of Southeast Asian Earth Sciences, 3(1-4): 293-301.

Maniar P D, Piccoli P M, 1989. Tectonic discrimination of granitoids: Geological Society of America Bulletin, 101(5): 635-643.

McClellan E, Gazel E, 2014. The Cryogenian intra-continental rifting of Rodinia: Evidence from the Laurentian margin in eastern North America[J]. Lithos, 206-207: 321-337.

McMenaming M A S, McMenaming D L S, 1990. The Emergence of Animals: the Cambrain Breakthough[M]. New York: Columbia University Press.

Meert J G, 2012. What's in a name? The Columbia(Paleopangaea/Nuna) supercontinent[J]. Gondwana Research, 21(4): 987-993.

Meng E, Liu F L, Du L L, et al., 2015. Petrogenesis and tectonic significance of the Baoxing granitic and mafic intrusions, southwestern China: Evidence from zircon U–Pb dating and Lu–Hf isotopes, and whole-rock geochemistry [J]. Gondwana Research, 28 (2) : 800-815.

Middlemost E A K, 1994, Naming materials in the magma/igneous rock system [J]. Earth-Science Reviews, 37 (3-4) : 215-224.

Miller C F, McDowell S M, Mapes R W, 2003. Hot and cold granites? Implications of zircon saturation temperatures and preservation of inheritance [J]. Geology, 6 (6) : 529-532.

Mitchell R N, Kilian T M, Evans D A, 2012. Supercontinent cycles and the calculation of absolute palaeolongitude in deep time [J]. Nature, 482: 208-211.

Monani S, Valley J W, 2001. Oxygen isotope ratios of zircon: Magma genesis of low $\delta_{18}O$ granites from the British Tertiary Igneous Province, western Scotland [J]. Earth and Planetary Science Letters, 184 (2) : 377-392.

Moores E M, 1991. Southwest U. S. -East Antarctic (SWEAT) connection: A hypothesis [J]. Geology, 19 (5) : 425-428.

Morgan W J, 1971. Convection plumes in the lower mantle [J]. Nature, 230 (5288) : 42-43.

Muehlenbachs K, Anderson A T, Sigvaldason G E, 1974. Low ^{18}O basalts from Iceland [J]. Geochimica et Cosmochimica Acta, 38 (4) : 577-588.

Nédélec A, Stephens W E, Fallick A E, 1995. The Panafrican stratoid granites of Madagascar: Alkaline magmatism in a post collisional extensional setting. Journal of Petrology, 36 (5) : 1367-1391.

Park J K, Buchan K L, Harlan S S, 1995. A proposed giant radiating dyke swarm fragmented by the separation of Laurentia and Australia based on paleomagnetism of ca. 780Ma mafic intrusions in western North America [J]. Earth and Planetary Science Letters, 132 (1-4) : 129-139.

Patchett P J, Kouvo O, Hedge C E, et al., 1981. Evolution of continental crust and mantle heterogeneity: Evidence from Hf isotopes [J]. Contributions to Mineralogy and Petrology, 78 (3) : 279-297.

Patiño D A E, 1997. Generation of metaluminous A-type granites by low-pressure melting of calc-alkaline granitoids [J]. Geology, 25 (8) : 743-746.

Patiño D A E, 1999. What do experiments tell us about the relative contributions of crust and mantle to the origin of the granitic magmas [J]. Geological Society, London, Special Publications, 168 (1) : 55-75.

Pearce J A, 1982. Trace element characteristics of lavas from destructive plate boundaries [J]. Andesites: Orogenic Andesites and Related Rocks, 525-548.

Pearce J A, 1996. Sources and settings of granitic rocks [J]. Episodes, 19 (4) : 120-125.

Pearce J A, Norry M J, 1979. Petrogenetic implications of Ti, Zr, Y, and Nb variations in volcanic rocks [J]. Contributions to Mineralogy and Petrology, 69 (1) : 33-47.

Pearce J A, Harris N B W, Tindle A G, 1984. Trace element discrimination diagrams for the tectonic interpretation of granitic rocks [J]. Journal of Petrology, 25 (4) : 956-983.

Peccerillo A, Taylor S R, 1976. Geochemistry of Eocene calc-alkaline volcanic rocks from the Kastamonu area, Northern Turkey [J]. Contributions to Mineralogy and Petrology, 58 (1) : 63-81.

Pei X Z, Li Z C, Ding S P, et al., 2009. Neoproterozoic Jiaoziding peraluminous granite in the northwestern margin of Yangtze Block: Zircon SHRIMP U-Pb age and geochemistry and their tectonic significance[J]. Earth Science Frontiers, 16(3): 231-249.

Pitcher W S, 1997. The Nature and Origin of Granite[M]. London: Chapman and Hall: 1-387.

Plank T, Langmuir C H, 1998. The chemical composition of subducting sediment and its consequences for the crust and mantle[J]. Chemical Geology, 145(3-4): 325-394.

Pollock J C, Hibbard J P, 2010. Geochemistry and tectonic significance of the Stony Mountain gabbro, North Carolina: Implications for the Early Paleozoic evolution of Carolinia[J]. Gondwana Research, 17(2-3): 500-515.

Powell C M, Preiss W V, Gatehouse C G, et al., 1994. South Australian record of a Rodinian epicontinental basin and its mid-Neoproterozoic breakup(~700 Ma) to form the Palaeo-Pacific Ocean[J]. Tectonophysics, 237(3-4): 113-140.

Preiss W V, 2000. The Adelaide Geosyncline of South Australia and its significance in Neoproterozoic continental reconstruction[J]. Precambrian Research, 100(1-3): 21-63.

Profeta L, Ducea M N, Chapman J B, et al., 2015. Quantifying crustal thickness over time in magmatic arcs[J]. Scientific Reports, 5: 17786.

Puffer J H, 2001. Contrasting high field strength element contents of continental flood basalts from plume versus reactivated-arc sources[J]. Geology, 29(8): 675-678.

Qiu X F, Ling W L, Liu X M. et al., 2011. Recognition of Grenvillian volcanic suite in the Shennongjia region and its tectonic significance for the South China Craton[J]. Precambrian Research, 191(3-4): 101-119.

Qiu X F, Yang H M, Lu S S, et al., 2015. Geochronology and geochemistry of Grenville-aged(1063 ± 16 Ma) metabasalts in the Shennongjia district, Yangtze Block: Implications for tectonic evolution of the South China Craton[J]. International Geology Review, 57(1): 76-96.

Rapp R P, Watson E B, 1995. Dehydration melting of metabasalt at 8-32 kbar: Implications Implications for continental growth and crust-mantle recycling[J]. Journal of Petrology, 36(4): 891-931.

Rapp R P, Shimizu N, Norman M D, 2003. Growth of early continental crust by partial melting of eclogite [J]. Nature, 425(6958): 605-609.

Rogers J J W, Santosh M, 2002. Configuration of Columbia, a Mesoproterozoic supercontinent[J]. Gondwana Research, 5(1): 5-22.

Rogers J J W, Santosh M, 2003. Supercontinents in earth history[J]. Gondwana Research, 6(3): 357-368.

Rudnick R L, Gao S, 2003. Composition of the continental crust[M]. Treatise on Geochemistry. Amsterdam: Elsevier.

Ryerson F J, Watson E B, 1987. Rutile saturation in magmas: Implications for Ti-Nb-Ta depletion in island-arc basalts[J]. Earth and Planetary Science Letters, 86(2-4): 225-239.

Schmidt M W, Poli S, 1998. Experimentally based water budgets for dehydrating slabs and consequences for arc magma generation[J]. Earth and Planetary Science Letters, 163(1-4): 361-379.

Shen S X, 2005. The Liubatang Group in the Kunming region: a new stratigraphic group equivalent to the Neoproterozoic(1000–800 Ma) Qingbaikou system[M]. Kunming: Kunming Univeristy of Polytectonics.

Sisson T W, Ratajeski K, Hankins W B et al., 2005. Voluminous granitic magmas from common basaltic sources[J]. Contributions to Mineralogy and Petrology, 148(6): 635-661.

Skjerlie K P, Patiño Douce A E, 2002. The fluid-absent partial melting of a zoisite bearing quartz eclogite from 1. 0 to 3. 2 GPa: Implications for melting in thickened continental crust and for subduction-zone processes[J]. Journal of Petrology, 43(2): 291-314.

Sláma J, Košler J, Condon D J, et al., 2008. Plésovice zircon: A new natural reference material for U-Pb and Hf isotopic microanalysis[J]. Chemical Geology, 249(1-2): 1-35.

Söderlund U, Patchett P J, Vervoort J D, et al., 2004, The 176Lu decay constant determined by Lu-Hf and U-Pb isotope systematics of Precambrian mafic intrusions [J]. Earth Planetary Science Letters, 219(3-4): 311-324.

Spencer C J, Roberts N M W, Santosh M, 2017. Growth, destruction, and preservation of Earth' s continental crust[J]. Earth Science Reviews, 172: 87-106

Sun M, Chen N S, Zhao G C, et al., 2008a. U-Pb zircon and Sm-Nd isotopic study of the Huangtuling granulite, Dabie-Sulu belt, China: Implication for the Paleoproterozoic tectonic history of the Yangtze Craton[J]. American Journal of Science, 308(4): 469-483.

Sun S S, McDonough W F, 1989. Chemical and isotopic systematics of oceanic basalts: implications for mantle composition and processes[J]. Geological Society London Special Publications, 42(1): 313-345.

Sun W H, Zhou M F, Gao J F, et al., 2009. Detrital zircon U-Pb geochronological and Lu-Hf isotopic constraints on the Precambrian magmatic and crustal evolution of the western Yangtze Block, SW China[J]. Precambrian Research, 172(1-2): 99-126.

Sun W, Zhou M, Yan D, et al., 2008b. Provenance and tectonic setting of the Neoproterozoic Yanbian Group, western Yangtze Block(SW China) [J]. Precambrian Research, 167(1-2): 213-236.

Sylvester P J, 1989. Post- collisional alkaline granites[J]. The Journal of Geology, 97(3): 261-280.

Sylvester P J. 1998. Post-collisional strongly peraluminous granites[J]. Lithos, 45(1-4): 29-44.

Tang Y, Zhang Y P, Tong L L, 2018. Mesozoic-Cenozoic evolution of the Zoige depression in the Songpan-Ganzi flysch basin, eastern Tibetan Plateau: Constraints from detrital zircon U-Pb ages and fission-track ages of the Triassic sedimentary sequence[J]. Journal of Asian Earth Sciences, 151: 285-300.

Tarney J, 1992. Chapter 4: Geochemistry And Significance of Mafic Dyke Swarms in The Proterozoic[M]. Proterozoic Crustal Evolution. Amsterdam: Elsevier.

Taylor H P Jr, 1968. The oxygen isotope geochemistry of igneous rocks[J]. Contributions to Mineralogy and Petrology, 19(1): 67-71.

Taylor H P Jr, 1974. A low ^{18}O, Late Precambrian granite batholith in the Seychelles Islands, Indian Ocean: Evidence for formation of ^{18}O depleted magmas and interaction with ancient meteoric ground waters [J]. Geological Society of America Abstracts with Programs, 6: 981-982.

Taylor H P Jr, 1977. Water/rock i interactions and the origin of H_2O in granitic batholiths[J]. Journal of the Geological Society London, 133(6): 509-558.

Tong Y, Jahn B M, Wang T, et al., 2015. Permian alkaline granites in the Erenhot-Hegenshan belt, northern Inner Mongolia, China: Model of generation, time of emplacement and regional tectonic significance[J]. Journal of Asian Earth Sciences, 97: 320-336.

Torsvik T H, 2003. The Rodinia jigsaw puzzle. [J]. Science, 300(5624): 1379-1381.

Tucker R D, Ashwal L D, Torsvik T H, 2001. U-Pb geochronology of Seychelles granitoids: A Neoproterozoic continental arc fragment [J]. Earth and Planetary Science Letters, 187(1-2): 27-38.

Turner S P, Foden J D, Morrison R S, 1992. Derivation of some A-type magmas by fractionation of basaltic magma: An example from the Padthaway Ridge, South Australia[J]. Lithos, 28(2): 151-179.

Ulmer P, 2001. Partial melting in the mantle wedge: The role of H_2O in the genesis of mantle-derived 'arc-related' magmas[J]. Physics of the Earth and Planetary Interiors, 127(1-4): 215-232.

Valley J W, Kinny P D, Schulze D J, et al., 1998. Zircon megacrysts from kimberlite: Oxygen isotope variability among mantle melts[J]. Contributions to Mineralogy and Petrology, 133(1): 1-11.

Valley J W, Lackey J S, Cavosie A J, et al., 2005. 4. 4 billion years of crustal maturation: Oxygen isotope ratios of magmatic zircon[J]. Contributions to Mineralogy and Petrology, 150(6): 561-580.

Viccaro M, Nicotra E, Millar I L, et al., 2011. The magma source at Mount Etna Volcano: Perspectives from the Hf isotope composition of historic and recent lavas[J]. Chemical Geology, 281(3-4): 343-351.

Wan B, Windley B F, Xiao W, et al., 2015. Paleoproterozoic high pressure metamorphism in the northern North China Craton and implications for the Nuna supercontinent[J]. Nature Communications, 6: 8344.

Wang J, Li Z X, 2003. History of Neoproterozoic rift basins in South China: Implications for Rodinia break-up[J]. Precambrian Research, 122(1-4): 141-158.

Wang R R, Xu Z Q, Santosh M, et al., 2017. Middle Neoproterozoic (ca. 705-716 Ma) arc to rift transitional magmatism in the northern margin of the Yangtze Block: Constraints from geochemistry, zircon U-Pb geochronology and Hf isotopes[J]. Journal of Geodynamics, 109: 59-74.

Wang W, Cawood P A, Zhou M F, et al., 2017. Low $\delta^{18}O$ Rhyolites from the malani igneous suite: a positive test for South China and NW India Linkage in Rodinia[J]. Geophysical Research Letters, 44 (20): 98-102.

Wang X C, Li X H, Li W X, et al., 2007. Ca. 825Ma komatiitic basalts in South China: First evidence for>1500℃ mantle melts by a Rodinian mantle plume[J]. Geology, 35(12): 1103-1106.

Wang X C, Li X H, Li W X, et al., 2008. The Bikou basalts in the northwestern Yangtze Block, South China: Remnants of 820-810Ma continental flood basalts[J]. Geological Society of America Bulletin, 120(11-12): 1478-1492.

Wang X C, Li X H, Li Z X, et al., 2010. The Willouran basic province of South Australia: Its relation to the Guibei large igneous province in South China and the breakup of Rodinia[J]. Lithos, 119(3-4): 569-584.

Wang X C, Li Z X, Li X H, et al., 2011. Nonglacial origin for low-$\delta^{18}O$ Neoproterozoic magmas in the South China Block: Evidence from new in-situ oxygen isotope analyses using SIMS[J]. Geology, 39(8): 735-738.

Wang X C, Li X H, Li Z X, et al., 2012. Episodic Precambrian crust growth: Evidence from U-Pb ages and Hf-O isotopes of zircon in the Nanhua Basin, central South China[J]. Precambrian Research, 222-223: 386-403.

Wang X L, Zhou J C, Qiu J S, et al., 2006. LA-ICP-MS U–Pb zircon geochronology of the Neoproterozoic igneous rocks from Northern Guangxi, South China: Implications for tectonic evolution[J]. Precambrian Research, 145(1-2): 111-130.

Wang X L, Zhou J C, Qiu J S, et al., 2008. Geochronology and geochemistry of Neoproterozoic mafic rocks from western Hunan, South China: Implications for petrogenesis and post-orogenic extension[J]. Geological Magazine, 145(2): 215-233.

Wang Y J, Zhang A M, Cawood P A, et al., 2013. Geochronological, geochemical and Nd-Hf-Os isotopic fingerprinting of an early Neoproterozoic arc-back-arc system in South China and its accretionary assembly along the margin of Rodinia[J]. Precambrian Research, 231(5): 343-371.

Wang Z, Eiler J, 2008. Insights into the origin of low-$\delta^{18}O$ basaltic magmas in Hawaii revealed from in-situ measurements of oxygen isotope compositions of olivines[J]. Earth and Planetary Science Letters, 269(3-4): 377-387.

Watson E B, Harrison T M, 1983. Zircon saturation revisited: Temperature and composition effects in a variety of crustal magma types[J]. Earth and Planetary Science Letters, 64(2): 295-304

Weaver B, 1991. The origin of ocean island basalt end member compositions: Trace element and isotopic constraints[J]. Earth and Planetary Science Letters, 104,: 381-397.

Wegener A, 1912. Die entstehung der kontinente[J]. Geologische Rundschau, 3(4): 276-292.

Wei C S, Zheng Y F, Zhao Z F, et al., 2002. Oxygen and neodymium isotope evidence for recycling of juvenile crust in Northeast China [J]. Geology, 30(4): 375-378.

Wen B, Evans D A D, Wang C, et al., 2018. A positive test for the Greater Tarim Block at the heart of Rodinia: Mega dextral suturing of supercontinent assembly[J]. Geology, 46(8): 687-690.

Whalen J B, Currie K L, Chappell B W, 1987. A-type granites: Geochemical characteristics, discrimination and petrogenesis[J]. Contributions to Mineralogy and Petrology, 95(4): 407-419.

Whalen J B, Jenner G A, Longstaffe F J, et al., 1996. Geochemical and isotopic (O, Nd, Pb and Sr) constraints on A-type granite: Petrogenesis based on the Topsails igneous suite, Newfoundland Appalachians[J]. Journal of Petrology, 37(6): 1463-1489.

Whitaker M L, Nekvasil H, Lindsley D H, et al., 2008. Can crystallization of olivine tholeiite give rise to potassic rhyolites? An experimental investigation[J]. Bulletin of Volcanology, 70(3): 417-434.

White A J R, 1979. Sources of granite magmas[J]. Geological Society of America, Abstracts with Programs, 11: 539.

White R, McKenzie D, 1989. Magmatism at rift zones: The generation of volcanic continental margins and flood basalts[J]. Journal of Geophysical Research: Solid Earth, 94(B6): 7685-7729.

Wiedenbeck M, Allé P, Corfu F, et al., 1995. Three natural zircon standards for U-Th-Pb, Lu-Hf, trace-element and REE analyses[J]. Geostandards Newsletter, 19(1): 1-23.

Wilson J T, 1963. A possible origin of the Hawaiian Islands[J]. Canadian Journal of Physics, 41(6): 863-870.

Wilson M, 1989. Igneous Petrogenesis: A Global Tectonic Approach[M]. London: Chapman and Hall.

Wilson M, 1997. Thermal evolution of the Central Atlantic passive margins: Continental break-up above a Mesozoic super-plume[J]. Journal of the Geological Society, 154(3): 491-495.

Wingate M T D, Campbell I H, Compston W, et al., 1998. Ion microprobe U-Pb ages for Neoproterozoic basaltic magmatism in south-central Australia and implications for the breakup of Rodinia[J]. Precambrian Research, 87(3-4): 135-159.

Wingate M T D, Pisarevsky S A, Evans D A D, 2002. Rodinia connections between Australia and Laurentia: No SWEAT, no AUSWUS?[J]. Terra Nova, 14(2): 121-128.

Woodhead J, Hergt J, Shelley M et al., 2004. Zircon Hf-isotope analysis with an excimer laser, depth profiling, ablation of complex geometries, and concomitant age estimation Chemical[J]. Geology, 209(1-2): 121-135.

Worsley T R, Nance D M, Moody J B, 1984. Global tectonics and eustasy for the past 2 billion years[J]. Marine Geology, 58(3-4): 373-400.

Wright J B, 1969. A simple alkalinity ratio and its application to questions of non-orogenic granite genesis[J]. Geological Magazine, 106(4): 370-384.

Wu F Y, Li X H, Zheng Y F, et al., 2007, Lu-Hf isotopic systematics and their applications in petrology [J]. Acta Petrologica Sinica, 23(2): 185-220.

Wu F Y, Sun D Y, Li H M, et al., 2002. A-type granites in northeastern China: Age and geochemical constraints on their petrogenesis[J]. Chemical Geology, 187(1-2): 143-173.

Wu F Y, Yang Y H, Xie L W, et al., 2006. Hf isotopic compositions of the standard zircons and baddeleyites used in U-Pb geochronology[J]. Chemical Geology, 234(1-2): 105-126.

Wu F Y, Zhang Y B, Yang J H, et al., 2008. Zircon U-Pb and Hf isotopic constraints on the Early Archean crustal evolution in Anshan of the North China Craton[J]. Precambrian Research, 167(3-4): 339-362.

Wu M D, Duan J S, Song X L, et al., 1990. Geology of Kunyang Group in Yunnan[M]. Kunming: Yunnan Science and Technology Press.

Wu M L, Zhao G C, Sun M, et al., 2012. Petrology and P-T path of the Yishui mafic granulites: implications for tectonothermal evolution of the Western Shandong Complex in the Eastern Block of the North China Craton[J]. Precambrian Research, 222-223: 312-324.

Xia L Q, Xia Z C, Xu X Y, et al., 2012. Mid-Late Neoproterozoic rift-related volcanic rocks in China: Geological records of rifting and break-up of Rodinia[J]. Geoscience Frontiers, 3(4): 375-399.

Xiao L, Zhang H F, Ni P Z. et al., 2007. LA-ICP-MS U-Pb zircon geochronology of early Neoproterozoic mafic-intermediat intrusions from NW margin of the Yangtze Block, South China: Implication for tectonic evolution[J]. Precambrian Research, 154(3-4): 221-235.

Xiao Y L, Hoefs J, van den Kerkhof A M, et al., 2000. Fluid history of UHP metamorphism in Dabie Shan, China: A fluid inclusion and oxygen isotope study on the coesite bearing eclogite from Bixiling [J]. Contributions to Mineralogy and Petrology, 139(1): 1-16.

Xie Q F, Cai Y F, Dong Y P, 2018. The magmatism and tectonic significance of Jinningian monzogranite in Wajiao area, western margin of Yangtze Block[J]. Acta Petrologica Sinica, 34(11): 3287-3301.

Xu Y, Yang K G, Polat A, et al., 2016. The ~860 Ma mafic dikes and granitoids from the northern margin of the Yangtze Block, China: A record of oceanic subduction in the early Neoproterozoic[J]. Precambrian Research, 275: 310-331.

Xu Z Q, He B Z, Zhang C L, et al., 2013. Tectonic framework and crustal evolution of the Precambrian basement of the Tarim Block in NW China: New geochronological evidence from deep drilling samples[J]. Precambrian Research, 235: 150-162.

Yan Q R, Hanson A D, Wang Z Q, et al., 2004. Neoproterozoic subduction and rifting on the northern margin of the Yangtze Plate, China: implications for Rodinia reconstruction[J]. International Geology Review, 46(9): 817-832.

Yan S W, Bai X Z, Wu W X, et al., 2017. Genesis and geological implications of the Neoproterozoic A-type granite from the Lugu area, western Yangtze block[J]. Geology in China, 44(1): 136-150.

Yang J H, Wu F Y, Chung S L, et al., 2006. A hybrid origin for the Qianshan A-type granite, Northeast China: Geochemical and Sr-Nd-Hf isotopic evidence[J]. Lithos, 89(1-2): 89-106.

Yang J J, Godard G, Kienast J R, et al., 1993. Ultrahigh-pressure (60 kbar) magnesite-bearing garnet peridotites from northeastern Jiangsu, China[J]. The Journal of Geology, 101(5): 541-554.

Yang M G, Wang J G, Li Y, et al., 1994. Regional geology of South China[M]. Beijing: Geological Publishing.

Yang W B, Niu H C, Hollings P, et al., 2017. The role of recycled oceanic crust in the generation of alkaline A-type granites [J]. Journal of Geophysical Research: Solid Earth, 122(12): 9775-9783.

Yang Y N, Wang X C, Li Q L, et al., 2016. Integrated in situ U-Pb age and Hf-O analyses of zircon from Suixian Group in northern Yangtze: New insights into the Neoproterozoic low-δ^{18}O magmas in the South China Block [J]. Precambrian Research, 273: 151-164.

Ye M F, Li X H, Li W X, et al., 2007. SHRIMP zircon U-Pb geochronological and whole-rock geochemical evidence for an early Neoproterozoic Sibaoan magmatic arc along the southeastern margin of the Yangtze Block[J]. Gondwana Research, 12(1-2): 144-156.

Yui T F, Rumble I D, Lo C H, 1995. Unusually low δ^{18}O ultra-high-pressure metamorphic rocks from the Sulu Terrain, eastern China[J]. Geochimica et Cosmochimica Acta, 59(13): 2859-2864.

Zhang C L, Zou H B, Li H K, et al., 2013a. Tectonic framework and evolution of the Tarim Block in NW China[J]. Gondwana Research, 23(4): 1306-1315.

Zhang H F, Parrish R, Zhang L, et al., 2007. A-type granite and adakitic magmatism association in Songpan-Garze fold belt, eastern Tibetan Plateau: Implication for lithospheric delamination. Lithos, 97(3-4): 323-335.

Zhang R Y, Sun Y, Zhang X, et al., 2016. Neoproterozoic magmatic events in the South Qinling Belt, China: Implications for amalgamation and breakup of the Rodinia Supercontinent[J]. Gondwana Research, 30: 6-23.

Zhang X H, Mao Q, Zhang H F, et al., 2011. Mafic and felsic magma interaction during the construction of high-K calc-alkaline plutons within a metacratonic passive margin: The Early Permian Guyang batholith from the northern North China Craton[J]. Lithos, 125(1-2): 569-591.

Zhang X H, Yuan L L, Xue F H, et al., 2015. Early Permian A-type granites from central Inner Mongolia, North China: Magmatic tracer of post-collisional tectonics and oceanic crustal recycling[J]. Gondwana Research, 28(1): 311-327.

Zhao G C, 2015. Jiangnan Orogen in South China: developing from divergent double subduction. Gondwana Research, 27(3): 1173-1180.

Zhao G C, Cawood P A, 2012. Precambrian geology of China[J]. Precambrian Research, 222-223: 13-54.

Zhao G C, Cawood P A, Wilde S A, et al., 2002. Review of global 2. 1-1. 8 Ga orogens: Implications for a pre-Rodinia supercontinent[J]. Earth Science Reviews, 59(1-4): 125-162.

Zhao G C, Sun M, Wilde S A, et al., 2004. A Paleo-Mesoproterozoic supercontinent: Assembly, growth and breakup[J]. Earth Science Reviews, 67(1-2): 91-123.

Zhao G C, Sun M, Wilde S A, et al., 2006. Some key issues in reconstructions of Proterozoic supercontinents[J]. Journal of Asian Earth Sciences, 28(1): 3-19.

Zhao J H, Zhou M F, 2007a. Geochemistry of Neoproterozoic mafic intrusions in the Panzhihua district(Sichuan Province, SW China): Implications for subduction -related metasomatism in the upper mantle[J]. Precambrian Research, 152(1-2): 27-47.

Zhao J H, Zhou M F, 2007b. Neoproterozoic adakitic plutons and arc magmatism along the western margin of the Yangtze Block, South China[J]. The Journal of Geology, 115(6): 675-689.

Zhao J H, Zhou M F, 2009. Secular evolution of the Neoproterozoic lithospheric mantle underneath the northern margin of the Yangtze Block, South China[J]. Lithos, 107(3): 152-168.

Zhao J H, Zhou M F, Yan D P, et al., 2008. Zircon Lu-Hf isotopic constraints on Neoproterozoic subduction-related crustal growth along the western margin of the Yangtze Block, South China. Precambrian Research, 163(3-4): 189-209.

Zhao J H, Zhou M F, Yan D P, et al., 2011. Reappraisal of the ages of Neoproterozoic strata in South China: No connection with the Grenvillian orogeny[J]. Geology, 39(4): 299-302.

Zhao J H, Li Q W, Liu H, et al., 2018. Neoproterozoic magmatism in the western and northern margins of the Yangtze Block(South China) controlled by slab subduction and subduction transform-edge-propagator[J]. Earth-Science Reviews, 187: 1-18.

Zhao T P, Chen W, Zhou M F. 2009. Geochemical and Nd-Hf isotopic constraints on the origin of the similar to 1. 74Ga Damiao anorthosite complex, North China Craton[J]. Lithos, 113(3-4): 673-690.

Zhao X F, Zhou M F, Li J W, et al., 2008. Association of Neoproterozoic A- and I-type granites in South China: Implications for generation of A-type granites in a subduction-related environment[J]. Chemical Geology, 257(1-2): 1-15.

Zhao Z F, Zheng Y F, 2003. Calculation of oxygen isotope fractionation in magmatic rocks[J]. Chemical Geology, 193(1)(1-2): 59-80.

Zhao Z H, 2007. How to use the trace element diagrams to discrm inate teotinic settings[J]. Geotectonica et Metallogenia, 31(1): 92-103.

Zheng Y F, Fu B, Gong B, et al., 1996. Extreme $\delta^{18}O$ depletion in eclogite from the Su-Lu terrane in East China[J]. European Journal of Mineralogy, 8(2): 317-324.

Zheng Y F, Fu B, Li Y L, et al., 1998. Oxygen and hydrogen isotope geochemistry of ultrahigh-pressure eclogites from the Dabie Mountains and the Sulu terrane[J]. Earth and Planetary Science Letters, 155(1-2): 113-129.

Zheng Y F, Fu B, Gong B, et al., 2003. Stable isotope geochemistry of ultrahigh pressure metamorphic rocks from the Dabie-Sulu orogen in China: Implications for geodynamics and fluid regime [J]. Earth Science Reviews, 62(1-2): 105-161.

Zheng Y F, Wu Y B, Chen F K, et al., 2004. Zircon U-Pb and oxygen isotope evidence for a large-scale $\delta^{18}O$ depletion event in igneous rocks during the Neoproterozoic[J]. Geochimica et Cosmochimica Acta, 68(20): 4145-4165.

Zheng Y F, Zhao Z F, Wu Y B, et al., 2006. Zircon U-Pb age, Hf and O isotope constraints on protolith origin of ultrahigh-pressure eclogite and gneiss in the Dabie orogen[J]. Chemical Geology, 231(1-2): 135-158.

Zheng Y F, Zhang S B, Zhao Z F, et al., 2007. Contrasting zircon Hf and O isotopes in the two episodes of Neoproterozoic granitoids in South China: Implications for growth and reworking of continental crust[J]. Lithos, 96(1-2): 127-150.

Zheng Y F, Gong B, Zhao Z F, et al., 2008a. Zircon U-Pb age and O isotope evidence for Neoproterozoic low-$\delta^{18}O$ magmatism during supercontinental rifting in South China: Implications for the snowball earth event[J]. American Journal of Science, 308(4): 484-516.

Zheng Y F, Wu R X, Wu Y B, et al., 2008b. Rift melting of juvenile arc-derived crust: geochemical evidence from Neoproterozoic volcanic and granitic rocks in the Jiangnan Orogen, South China. Precambrian Research, 163(3-4): 351-383.

Zhou G Y, Wu Y B, Gao S, et al., 2015. The 2. 65 Ga A-type granite in the northeastern Yangtze craton: Petrogenesis and geological implications. Precambrian Research, 258: 247-259.

Zhou J L, Li X H, Tang G Q, et al., 2018. New evidence for a continental rift tectonic setting of the Neoproterozoic Imorona-Itsindro Suite (central Madagascar) [J]. Precambrian Research 306: 94-111.

Zhou M F, Kennedy A K, Sun M, et al., 2002a. Neoproterozoic arc-related mafic intrusions along the northern margin of South China: Implications for the accretion of Rodinia[J]. The Journal of Geology, 110(5): 611-618.

Zhou M F, Yan D P, Kennedy A K, et al., 2002b. SHRIMP U-Pb zircon geochronological and geochemical evidence for Neoproterozoic arc-magmatism along the western margin of the Yangtze Block, South China[J]. Earth and Planetary Science Letters, 196(1-2): 51-67.

Zhou M F, Yan D P, Wang C L, et al., 2006. Subduction-related origin of the 750Ma Xuelongbao adakitic complex (Sichuan Province, China): Implications for the tectonic setting of the giant Neoproterozoic magmatic event in South China[J]. Earth and Planetary Science Letters, 248(1-2): 286-300.

Zhu W G, Zhong H, Deng H L, et al., 2006. SHRIMP zircon U-Pb age, geochemistry and Nd-Sr isotopes of the Gaojiacun mafic ultramafic intrusive complex, southwest China[J]. International Geology Review, 48(7): 650-668.

Zhu W G, Zhong H, Li X H, et al., 2007. ^{40}Ar-^{39}Ar age, geochemistry and Sr-Nd-Pb isotopes of the Neoproterozoic Lengshuiqing Cu -Ni sulfide -bearing mafic -ultramafic complex, SW China[J]. Precambrian Research, 155(1-2): 98-124.

Zhu W G, Zhong H, Li X H, et al., 2008. SHRIMP zircon U-Pb geochronology, elemental, and Nd isotopic geochemistry of the Neoproterozoic mafic dykes in the Yanbian area, SW China[J]. Precambrian Research, 164(1-2): 66-85.

Zhu Y, Lai S C, Qin J F, et al. 2018. Geochemistry and zircon U–Pb–Hf isotopes of the 780 Ma I-type granites in the western Yangtze Block: Petrogenesis and crustal evolution[J]. International Geology Review, 61 (10): 1222-1243.

Zhuo J W, Jiang X S, Wang J, et al., 2013. Opening time and filling pattern of the Neoproterozoic Kangdian Rift Basin, western Yangtze Continent, South China[J]. Science China: Earth Sciences, 56 (10): 1664-1676.

Zhuo J W, Jiang X S, Wang J, et al., 2015. SHRIMP U-Pb age of tuff from the Neoproterozoic Kaijianqiao Formation and its geological significance[J]. Journal of Mineralogy and Petrology, 35 (1): 91-99.

Zou H, Bagas L, Li X Y, et al., 2020. Origin and evolution of the Neoproterozoic Dengganping Granitic Complex in the western margin of the Yangtze Block, SW China: Implications for breakup of Rodina Supercontinent[J]. Lithos, 370-371 (1): 105602.

Zou H, Huang C C, Cao H W, et al., 2024. An oxygen isotope perspective on the break-up of the *Rodinia* supercontinent[J]. Earth-Science Reviews, 252: 104736.

编 后 记

“博士后文库”是汇集自然科学领域博士后研究人员优秀学术成果的系列丛书。“博士后文库”致力于打造专属于博士后学术创新的旗舰品牌，营造博士后百花齐放的学术氛围，提升博士后优秀成果的学术影响力和社会影响力。

“博士后文库”出版资助工作开展以来，得到了全国博士后管委会办公室、中国博士后科学基金会、中国科学院、科学出版社等有关单位领导的大力支持，众多热心博士后事业的专家学者给予积极的建议，工作人员做了大量艰苦细致的工作。在此，我们一并表示感谢！

“博士后文库”编委会